# 丁香妈妈
# 科学辅食指南

## 写给中国父母的辅食添加与喂养计划

丁香妈妈　李靓莉 —— 著

北京科学技术出版社

图书在版编目（CIP）数据

丁香妈妈科学辅食指南 / 丁香妈妈，李靓莉著．—
北京：北京科学技术出版社，2022.1（2025.5 重印）
ISBN 978-7-5714-1948-6

Ⅰ．①丁… Ⅱ．①丁… ②李… Ⅲ．①婴幼儿—食谱
—指南 Ⅳ．① TS972.162-62

中国版本图书馆 CIP 数据核字 (2021) 第 224472 号

策划编辑：潘海坤
责任编辑：潘海坤
责任校对：贾　荣
设计制作：博越创想
责任印制：吕　越
出 版 人：曾庆宇
出版发行：北京科学技术出版社
社　　址：北京西直门南大街 16 号
邮政编码：100035
电话传真：0086-10-66135495（总编室）　0086-10-66113227（发行部）
网　　址：www.bkydw.cn
印　　刷：北京盛通印刷股份有限公司
开　　本：880 mm × 1230 mm　1/32
字　　数：350 千字
印　　张：9.375
版　　次：2022 年 1 月第 1 版
印　　次：2025 年 5 月第 13 次印刷
ISBN 978-7-5714-1948-6

定　　价：69.00 元

# 权威推荐

（按推荐人姓名拼音首字母排序）

对于有孩子的家庭来说，如何让宝宝“爱吃”并且“吃好”大概是父母最关心也是最头疼的事。这本书内容全面，按照月龄讲解，图文并茂，手把手教你学习如何科学添加辅食。更令人欣喜的是，这本书还介绍了很多通俗易懂的理论知识，让你不仅知道怎么给宝宝做辅食，更知道为什么要这样做。相信所有“学习型”父母都能从这本书中收获满满。

**陈　然**

副研究馆员、注册营养师

市面上的辅食书不少，但是将理论与实践结合起来，手把手教你如何为各月龄宝宝添加辅食，且条理清楚、解释详细的书并不多见。作者结合自己的专业知识和多年自媒体科普经验，加上亲自养育两个孩子的实践经历，不仅系统地梳理了添加辅食要具备的知识，罗列了不同食物和营养素的知识，提供了详细的适合不同月龄孩子的菜单和食谱，还给忙碌的“上班族”家长提供了省时省力的辅食解决方案。当你在给孩子添加辅食过程中遇到问题时，相信这本《丁香妈妈科学辅食指南》可以帮到你。

**段　涛**

同济大学附属上海市第一妇婴保健院教授

在科学养育中，让孩子吃得营养、爱上吃饭，是所有妈妈都在操心的事。靓莉老师作为复旦大学的营养学硕士和两个孩子的妈妈，结合理论与实践，为广大家长提供了6月龄～3岁阶段的辅食攻略。这本书不仅讲了每个年龄段的辅食添加原则，还通过视频示范了50多道家庭营养辅食的制作方法，即使是厨房小白也能轻松上手。另外，书中还给出了各种营养素的补充方案，以及过敏、感冒、便秘、腹泻等特殊情况的饮食方案，可谓“一书在手，孩子的饮食全不愁”。作为营养师和妈妈的我很开心把这么好的一本书推荐给大家。

**谷传玲**

中国首批注册营养师、首都保健营养美食学会理事

这本《丁香妈妈科学辅食指南》除了介绍科学的辅食添加原则以外，对于辅食工具、如何看食品营养标签等知识也有介绍，其中的很多小窍门非常实用。各种辅食的示意图很形象，图片也很精美，方便广大新手父母直接照着操作。

**顾中一**

清华大学公共卫生专业硕士、中国科协2017年十大科学传播人物、注册营养师

作为李靓莉的研究生导师，在她毕业后，我也一直关注着她的成长。我能感受到她对营养学的热爱，自从有了孩子，她一直在母婴营养科普领域贡献着自己的专业知识。辅食的添加对婴幼儿的生长发育非常重要，会影响他们成人后的健康状态、饮食口味和食物

偏好。李靓莉的这本《丁香妈妈科学辅食指南》把专业教科书上的知识，用通俗易懂的语言和生动的形式“重说”了一遍，书中还有很多具体实操的食谱，相信每位妈妈看完后，都能成为孩子的专属营养师，做出营养丰富、孩子爱吃的美味辅食！

**何更生**

复旦大学公共卫生学院副院长、营养与食品卫生教研室教授、博士生导师

如果你因为不知道给宝宝吃什么辅食或者因为宝宝不爱吃饭而头痛不已，不妨看看这本书吧！这本书由丁香妈妈历时两年打造，遵循了国内外喂养新观点，是针对中国宝宝制订的 0 ~ 3 岁宝宝的辅食添加与喂养方案。除了基础的辅食知识，本书还点出了很多辅食添加过程中需要注意的细节。翻开这本书，相信你的很多困惑都能迎刃而解了。

**阮光锋**

科信食品与健康信息交流中心科技传播部主任

靓莉是我们学校医学院营养专业的优秀学生，因为热爱这个专业，所以一路奋进，把营养科普事业搞得有声有色。这本和丁香妈妈合作的儿童辅食科普书，在她成为两个宝宝的妈妈后也瓜熟蒂落。理论和实践相结合，事业和家庭两不误，可喜可贺可期待！

**沈秀华**

上海交通大学医学院营养系教授

科学喂养的大道理每个家长都懂，可是实际操作起来总是难上加难。毕竟每个孩子都是独立的个体，对食物的喜好也各不相同。这本书不仅能够教你如何一步步科学添加辅食，还能教你一些让孩子爱上吃饭的小技巧，帮助孩子建立规律良好的饮食习惯。每位家

长都应该是孩子最好的营养师，相信你也可以做到！

**田吉顺**

丁香医生医学总监

很高兴看到这样一本兼具科学理念与实用性的辅食书。书中不仅有和辅食相关的基础知识、营养知识、配餐知识、喂养知识、分月龄的餐单，还有详细的食谱步骤和辅食制作视频，相信所有对辅食添加有困惑的家长都能从中受益。

**吴　佳**

营养科普作家、注册营养师

李靓莉拥有复旦大学和上海交通大学营养学专业背景，是国家首批营养注册师、两个孩子的妈妈、垂直平台头部营养专家，实力非常强！初识她之时，我就被她的专业度、对营养学的热爱以及强大的个人魅力所折服，我们的课程团队与她一起精心打磨的课程，也凭借专业和实用的特色获得了用户的喜爱！靓莉几乎每天都会阅读、进行专题写作、在视频号直播，为广大宝妈和家庭持续地分享宝贵的营养学知识和育儿经验。这次她与丁香妈妈合作的新书《丁香妈妈科学辅食指南》更是她多年的知识和经验的精华沉淀，干货十足，实操性很强，且充满了爱和力量，相信一定会让大家满载而归！

**夏美玲**

樊登读书 VP

和菜妈（李靓莉）相识于育儿节目的录制现场。第一眼看到笑容灿烂、正能量满满的菜妈，就喜欢上了她——复旦大学的高智商才女，在厨房这一方天地中大展身手。我这个手残党在微信朋友圈常能看到她晒的给两个儿子做的早餐图片，很难不羡慕：别人家的妈妈，早已站在科学膳食、营养均衡的制高点上，培养起了祖国的下一代。

虽然和菜妈交流不多，但每次交流都堪称人类高质量互动。比如“有没有推荐的早餐食谱？”“我一般都做快手菜，发给你几个看看，供你参考！”随即几篇文章的链接就飞了过来，菜妈每次还不忘给我附上屡试不爽的早餐公式。菜妈的才华和本领要是不出本书回馈社会，我都觉得有些可惜。没想到，很快我就收到了菜妈的邀约：为她和丁香妈妈合作的辅食新书写推荐语。想到那些像我一样有热情，却时常烦恼给孩子吃什么的妈妈们，我更加觉得责无旁贷。我已经能想象到这本书的使用场景，当你还在纠结给孩子吃什么才能让他长高长壮精神好的时候，只要你翻开这本书就会找到答案。可怜天下父母心，想让孩子吃好点，不容易啊！想容易点吗？那就看看这本书吧！

**张杨果而**

知名主持人、母婴达人

# 序

# 科学孕育，从学习开始

2020 年，我们联合专业的医生和学者团队，打造了《丁香妈妈科学养育》一书。这本书主要涵盖了宝宝出生后第一年的育儿知识要点，很多读者都觉得非常实用、系统，这让我们团队很受鼓舞。同时，我们也收到很多爸爸妈妈的反馈，希望丁香妈妈可以针对一些高频的育儿问题进行更深入的讲解。于是，我们策划了“丁香妈妈科学孕育”系列丛书。如果把我们的第一本书比作育儿路上的“入门指南”，那么这个系列的丛书，则是解决具体孕育问题的“锦囊妙计”。

从“父母的孩子”转变为“孩子的父母”，这种角色上的转变会让你的生活发生巨大的变化，带给你许多新鲜的体验。随着小生命在妈妈的体内一点点长大，你会感受到生命的奇妙，惊喜于宝宝真实的心跳，体会到为人父母的不易。当然，更多的还是对“未知”的担忧。

第一次做父母，你可能会有太多的慌乱、焦虑和问题：孕期的饮食禁忌有哪些？宝宝便秘该怎么办？辅食添加也要按顺序来吗？哪一款早教游戏更适合宝宝现阶段的发展……你可能会在网络上寻找答案，可是各种碎片化的信息五花八门，到底该听谁的呢？你可能会想，如果有本书能像“军师”一样帮你解决问题就好了。面对这样的期盼，我们想说：“丁香妈妈专家团队一直在你身边！”

这一次，我们团队根据孕育过程中问题最集中的场景——孕期保健、早教游戏、辅食添加、疾病护理与用药，联合各专业领域的医生和学者，深耕每一个主题，共同策划了 4 本书。

孕育新生命的过程，既伴随着爱，也伴随着责任。父母都想给孩子最好的，但又经常担心，自己是否真的掌握了正确的方法。我们深知传播科学知识责任重大，因此力求一定要给大家最可靠的内容，每一个方法、每一个理论都要讲求科学循证。希望在你每一次遇到孕育问题、手足无措的时候，丁香妈妈都可以直接为你提供解决方案，无须再反复查证。

最后，感谢选择丁香妈妈的你们，陪伴大家在孕育的路上走过一程是我们的荣幸。也要感谢丁香妈妈的专家团队、内容团队和北京科学技术出版社，因为有你们，我们的出版计划才能圆满完成。

**杜一单**

丁香妈妈联合创始人

# 关于辅食添加，我们想对你说

6 月龄到 3 岁这个阶段，是宝宝从喝奶到尝试辅食，再到融入家庭饮食的重要过渡期。宝宝在 6 月龄左右，如果不排斥接受新的食物，那么爸爸妈妈就可以开始为给宝宝添加辅食做准备了。

因为宝宝吃得好不好，关系到宝宝长不长个子、是不是容易生病、营养是否全面均衡等。所以，宝宝的吃饭问题也成了很多家长关注的头等大事。

但是，给宝宝添加辅食似乎很难掌握。父母需要观察宝宝会不会对某些食物过敏、考虑宝宝能不能消化某些食物、担心营养够不够，还要关注宝宝喜不喜欢吃……

的确，科学地添加辅食，是促进宝宝体格生长、智力发育，以及建立免疫功能的重要保障，也是让宝宝养成良好饮食习惯的基础。但是不论对家长还是宝宝，吃饭从来不应该成为一件有压力的事情。

我们确实提倡科学育儿，但是这不等于我们一定要按照某种范式，甚至是精确的数字来喂养孩子。

拿宝宝某一餐不爱吃饭来举例。成年人也会有不爱吃饭或者没有胃口的时候，更何况是宝宝呢？真的不必为宝宝有一两顿吃得不够多而担心。

为了减少爸爸妈妈们的焦虑，丁香妈妈专家团队历时 2 年，为大家编写了这本《丁香妈妈科学辅食指南》，辅食每个月怎么吃？辅食具体怎么做？宝宝不爱吃饭怎么办？这些问题你都能在书中找到可靠且实用的答案。

希望这本书可以带给你科学、贴心的指导，帮你养出聪明健壮的宝宝。

**值得信赖的 丁香妈妈专家团队**

目录

# 第一章
# 要加辅食喽，基础知识要了解

## 了解辅食的添加原则



## 添加辅食的必备清单

# 第二章
# 和宝宝生长发育相关的营养和食物

## 第三章
## 省时省力的快手辅食技巧

### 有效缩短烹调时间的窍门

## 辅食的储存和再加热



# 第四章
# 辅食添加初期，要注意循序渐进

## 6 月龄 从富含铁的泥糊状食物开始

## 7 月龄 可以吃带小颗粒的泥糊啦

## 第五章
## 辅食添加中期，让宝宝自己抓着吃

### 8 月龄 开始尝试小颗粒状的食物啦

## 9月龄 正式引入手指食物啦

## 第六章
## 辅食添加末期，能吃更复杂的食物了

### 10 月龄 该戒掉夜奶啦

## 11 月龄 每天可以安排三次辅食啦

## 第七章
## 幼儿期饮食，和家人一起进餐

### 12 ~ 18 月龄 开始练习用勺子啦

## 18 ~ 24 月龄 饮食越来越像大人啦

## 24 ~ 36 月龄 均衡饮食 营养全面

## 第八章
## 宝宝的特殊饮食

### 腹泻

## 便秘



## 感冒发烧



## 呕吐

第一章

# 要加辅食喽，基础知识要了解

# 了解辅食的添加原则

## 什么时候可以给宝宝添加辅食

通常我们把除了母乳和配方奶以外的其他各种性状的食物称为辅食，包括各种天然食物，以及加工过的商品化食物。

根据一些权威机构，包括世界卫生组织（WHO）、美国儿科学会（AAP）和中国营养学会的建议，纯母乳喂养满 6 个月就可以给宝宝添加辅食了。

宝宝满 6 月龄后，单纯的母乳喂养无法给宝宝提供充足的营养，此外宝宝的胃肠道等消化器官的发育相对完善，可以消化母乳以外的多种食物。宝宝的口腔运动、味觉、嗅觉、触觉，以及心理、认知行为等各方面能力也已经做好接受新食物的准备了。

过早添加辅食，尤其是在 4 月龄前，会增加宝宝发生食物过敏的风险，这时消化系统的发育也不成熟，宝宝容易发生消化不良；过晚添加辅食会增加宝宝发生缺铁性贫血的风险，也容易让宝宝不接受固体食物。

是否要给宝宝添加辅食，月龄并不是唯一的参考标准，我们更应该关注宝宝的咀嚼、吞咽、大运动等方面的能力。当宝宝在 4 ~ 6 月龄出现添加辅食的信号时，我们也可以给宝宝添加辅食。

# 如何知道宝宝需要加辅食了

## 挺舌反射消失

挺舌反射是一种先天性反射，表现为宝宝的舌头会将放进嘴里的固体食物或勺子顶出去，能够防止异物进入喉部引起窒息。

挺舌反射通常会在 4 ~ 6 月龄消失，当然也会有个体差异。当宝宝不再用舌头顶着勺子，能够吮吸吞咽，就说明挺舌反射消失，可以给宝宝添加辅食了。如果宝宝的挺舌反射还没有消失，你可以耐心等待 1 ~ 2 周再尝试，千万不要把食物强行塞给宝宝，否则会让宝宝有不愉快的进食体验，适得其反。

## 具备吃辅食的能力

### ◎ 一定的大运动能力

在 4 ~ 6 月龄时，宝宝身体的稳定性逐渐增强，颈部肌肉也更有力量，无论是否有支持物，宝宝都能挺直上半身，这是宝宝能吃辅食的基础。当他能够控制头部和颈部，不会左右摇晃，能够独坐或靠坐的时候，就可以考虑给宝宝添加辅食了。

### ◎ 口腔发育到一定程度

当宝宝的吞咽动作更熟练，出现明显咀嚼食物的动作时，代表着宝宝的口腔运动能力逐渐增强，这时可以考虑给宝宝添加辅食，让宝宝尝试半固体的食物了。

随着辅食性状逐渐增稠，宝宝还需要掌握更多的口腔运动技巧，比如上下颌的运动、舌头的运动、颌旋转运动等。

对食物充满兴趣

具体表现为，宝宝会盯着食物看、伸手想去抓和张大嘴巴。

大部分宝宝在 4 ~ 6 月龄时会出现上述信号，这个时候他们的体重往往可以达到出生时的 2 倍。

## 宝宝第一口辅食吃什么

2012 年《中国 0 ~ 6 岁儿童营养发展报告》指出：6 ~ 24 月龄儿童发生贫血的概率最高，贫血率达到 31.1%。换句话说，每 3 个 6 ~ 24 月龄的宝宝中就有 1 个会发生贫血。

宝宝在 4 ~ 6 月龄时，储存在体内的铁逐渐消耗殆尽，而母乳中的铁虽然吸收率高但含量很低，因此宝宝需要尽快补铁。添加辅食后，宝宝每日所需的铁 99% 来源于食物。因此，初期建议给宝宝添加含铁的高能量食物，如强化铁米粉、红肉泥、动物肝泥等。因为大米蛋白不容易引发过敏，米粉冲调起来也非常方便，因此建议宝宝的第一口辅食选择强化铁米粉。

## 日常辅食的选择和添加顺序

很多家长都希望有一张不同类食物的添加顺序表，照着添加就可以了。但其实辅食的添加没有绝对的先后顺序，我们完全可以根据家庭的饮食习惯来添加。相比先吃什么后吃什么，更重要的是每次只添加一种新食物，观察 2 ~ 3 天，如果宝宝没有不舒服的表现，就可以再尝试另一种新食物了。辅食的添加量也要循序渐进。第一天可以添加 1 小勺，让宝宝尝试 1 ~ 2 次。第二天可以根据宝宝的反应调整进食量或进食频率，如此递进。

辅食是宝宝的专属美食，绝大多数家庭会单独给宝宝制作辅食，不过制作辅食的原料用量有限，通常不可能单独购买。因此，我更推荐从家庭日常食物中选择辅食原料。简单来说，就是从大人们每天吃的食物中选择一部分，单独制作给宝宝吃。比如，大人吃炒肉片，就可以将原料猪腿肉取一部分做成猪肉泥给宝宝吃；大人吃西蓝花炒胡萝卜，就可以给宝宝吃西蓝花泥、胡萝卜泥等。对于大月龄的宝宝来说，他们也可以直接吃一些按照给大人吃的形式制作的食物。比如，8 月龄的宝宝可以直接用勺子挖取蒸紫薯、蒸红薯、蒸山药来吃，或者家长也可以将其切成小块给宝宝吃。

从大人餐里选择适合的食物作为宝宝餐里的辅食，不仅可以减少采购的时间、降低金钱成本，还可以帮助孩子熟悉家庭成员的口味，为孩子日后融入家庭饮食做好准备。

## 注意食物性状的过渡

添加辅食后，家长很容易忘记一件非常重要的事情，那就是食物性状的过渡。我们需要根据宝宝咀嚼能力的发展，逐渐过渡辅食的性状，从细腻的泥糊状食物，过渡到浓稠、含柔软小颗粒状食物，再到切碎的小块状食物（见表 1.1）。循序渐进地改变食物的质地和大小，也能促进宝宝咀嚼能力的发展以及牙齿的萌出。如果宝宝只吃泥糊状或蓉状食物，日后也会较难接受质地比较硬的食物。

当然，宝宝发育的快慢各有不同，同一个宝宝对不同种类食物性状的接受程度也可能不同。比如，有些宝宝已经可以吃蔬菜碎了，但是对于肉类却只能吃肉泥，这些都是非常正常的。

表 1.1　谷类、蔬菜类、肉类、水果类的辅食性状渐进表

| 类别 | 性状随月龄的变化 | | | |
|---|---|---|---|---|
| 谷类 | 米糊 / 稀粥 | 稠粥 | 软饭 | 米饭 |

续表

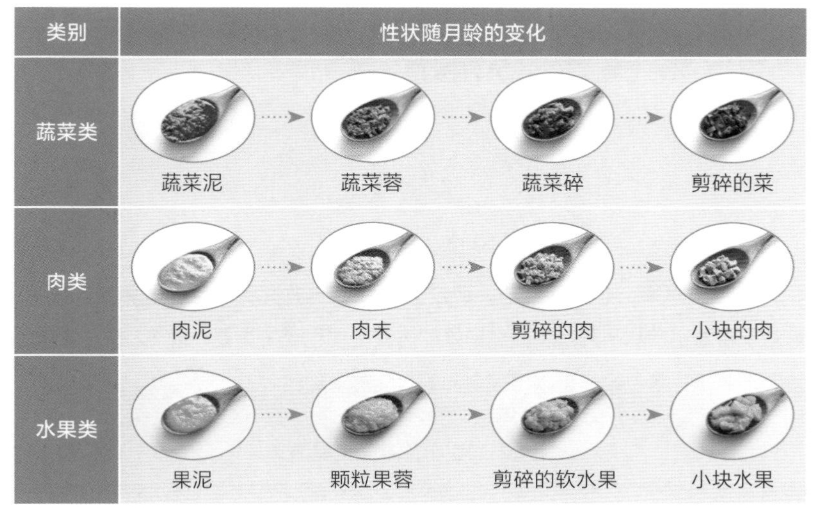

| 类别 | 性状随月龄的变化 | | | |
| --- | --- | --- | --- | --- |
| 蔬菜类 | 蔬菜泥 | 蔬菜蓉 | 蔬菜碎 | 剪碎的菜 |
| 肉类 | 肉泥 | 肉末 | 剪碎的肉 | 小块的肉 |
| 水果类 | 果泥 | 颗粒果蓉 | 剪碎的软水果 | 小块水果 |

## 正确的喂养态度

对宝宝来说，吃辅食不仅仅是为了获取食物中的营养素，也是为了学习吃饭、认识食物、感知饥饱。因此，我们应该试着把吃饭的主动权交给宝宝。我们负责准备安全、健康、有营养的食物，创造良好积极的进餐环境，而具体吃什么、吃多少，则由宝宝自己决定。

同时在喂养过程中，作为父母的我们也应该及时感知宝宝发出的饥饿或饱足信号，充分尊重宝宝的意愿，耐心鼓励，一定不要硬塞食物给宝宝吃。

# 添加辅食的必备清单

工欲善其事，必先利其器。适合的工具对于辅食制作有事半功倍的效果，这对于帮助宝宝从一开始就养成良好的进食习惯也至关重要。表 1.2 是常见的辅食工具清单，各位家长可以根据自己的实际需求购买。

表 1.2　常见的辅食工具清单

<table>
<tr><th>用途</th><th>工具名称</th><th>是否要购买</th></tr>
<tr><td rowspan="12">处理和储存食物</td><td>辅食机</td><td rowspan="3">三选一即可</td></tr>
<tr><td>料理棒</td></tr>
<tr><td>多功能料理机 / 果汁机 / 破壁机</td></tr>
<tr><td>研磨碗</td><td>根据需要购买</td></tr>
<tr><td>辅食剪</td><td>必买</td></tr>
<tr><td>刀具、砧板</td><td>根据需要购买</td></tr>
<tr><td>辅食储存盒</td><td>必买</td></tr>
<tr><td>食物秤</td><td>必买</td></tr>
<tr><td>锅</td><td rowspan="4">根据需要购买</td></tr>
<tr><td>多功能电蒸锅</td></tr>
<tr><td>单柄小奶锅</td></tr>
<tr><td>婴儿辅食煲</td></tr>
</table>

续表

| 用途 | 工具名称 | 是否要购买 |
| --- | --- | --- |
| 宝宝餐具 | 吸盘碗 | 根据需要购买 |
| | 餐盘 | |
| | 注水保温碗 | |
| | 吸管杯 | 根据需要购买 |
| | 双耳杯 | |
| | 不锈钢保温吸管杯 | |
| | 硅胶软勺 | 必买 |
| | 不锈钢勺 | 必买 |
| | 叉勺套装 | 根据需要购买 |
| 其他 | 餐椅 | 必买 |
| | 围兜 | 必买 |
| | 反穿衣 | 必买 |

## 食物处理和储存类

**辅食机：**蒸煮一体，可将食物处理得超级细腻，不适合处理少量食物。

**料理棒：**可处理少量食物，清洗方便，建议选不锈钢材质的搅拌头。

**多功能料理机：**可将食物打成泥，可处理大量食物，不适合处理少量肉类。

**研磨碗**：处理后的食物颗粒较大，适合给较大月龄的宝宝吃；也可以用来处理较细软的食物。

**辅食剪**：可以将食物剪成合适的大小，给较大月龄的宝宝吃。

**刀具砧板**：可以用来切食物，注意生熟分离。

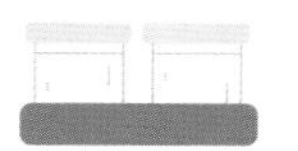

**辅食储存盒**：用于储存自制辅食，推荐软硅胶材质的储存盒，便于取出食物。

**食物秤**：方便称量辅食原料的重量。

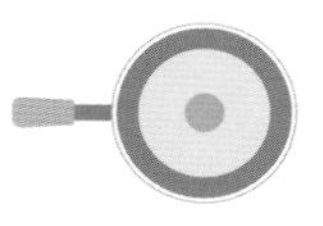

**锅**：可以用来做小饼、煎鸡蛋等。

**多功能电蒸锅**：可以蒸蛋羹、蒸包子、蒸红薯……插上电就能用，方便又安全。

**单柄小奶锅**：煮食物的好帮手，建议选择有双面导流嘴的，便于倾倒。

**婴儿辅食煲**：功能等同于电饭煲，主要用于制作少量的粥、汤等。

## 餐具类

**吸盘碗**：适合宝宝自己进食，不易打翻。

**餐盘**：要选择重心低、不易打翻的餐盘。

**注水保温碗**：适合在冬天使用，以免因为宝宝吃饭慢导致食物变凉。

**吸管杯**：选择不容易漏水且易于清洗的吸管杯。

**双耳杯**：可以选择杯口宽，杯身浅的双耳杯（1 岁后用于练习喝水）。

**不锈钢保温吸管杯**：冬天喝水用这样的杯子比较方便，但是要注意不要装过热的水。

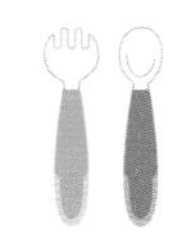

**叉勺套装**：便于携带，也适合日常使用。

**硅胶软勺**：添加辅食初期建议选择材质柔软、较平浅、手柄略长的硅胶圆头小勺。

**不锈钢勺**：宝宝月龄增大后可以选择勺头较大的不锈钢勺。如果宝宝自己用餐，可以选择短柄勺，方便抓握。

## 其他

**餐椅**：有助于养成良好的吃饭习惯，选择有安全绑带、方便清洗以及易于折叠的餐椅。

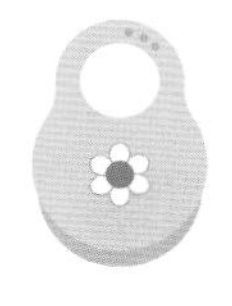

**围兜**：吃饭必备，建议选择硅胶材质且带有前置兜槽的围兜，方便清洗。

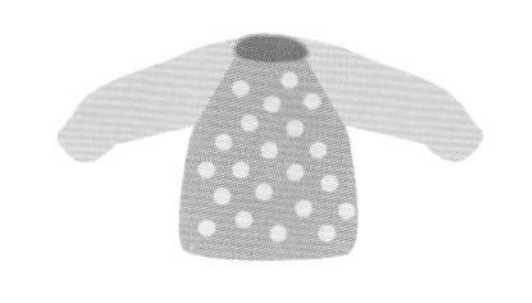

**反穿衣**：除了吃饭用，还能穿着反穿衣画画、做手工等。

第二章

# 和宝宝生长发育相关的营养和食物

# 营养对宝宝成长的重要性

添加辅食后，宝宝每天所需的多种营养素就可以从辅食中获得了。婴幼儿生长发育所必需的营养素可以分为七大类，分别是碳水化合物、矿物质、维生素、脂肪、蛋白质、膳食纤维和水。

碳水化合物、脂肪、蛋白质又叫产能营养素，能为宝宝的生长发育提供能量。膳食纤维是一种特殊的碳水化合物，不能被人体消化吸收，但对维持肠道健康非常重要。常见的矿物质有钙、铁、锌、碘、钠、钾、镁……矿物质在人体内虽然含量不高，但是对正常生理功能的维持至关重要。有的矿物质是构成机体组织所必需的原料，有的与维持酶和激素的活性密切相关。维生素也是维持宝宝健康成长和体内正常生理功能的关键营养素。关于这些营养素的生理功能和主要食物来源我们做了一个总结，大家可以参考表 2.1。

表 2.1　常见营养素的主要生理功能和主要食物来源

| 名称 | 主要生理功能 | 主要食物来源 |
| --- | --- | --- |
| 碳水化合物 | 获取能量的最经济和最主要的来源，构成人体细胞和组织的重要物质 | 谷薯杂豆类、水果等 |
| 蛋白质 | 构成人体组织、器官的重要物质，对宝宝的生长发育非常重要，是体内生理活性物质的重要成分，参与体内多种生理活动，为人体提供能量 | 畜肉、禽肉、水产、蛋类、奶类、大豆类等 |
| 脂肪 | 构成机体细胞和组织的重要物质，提供和储存能量，促进脂溶性维生素的吸收，提供必需脂肪酸，保持体温，保护脏器 | 肉类、蛋类、坚果等 |

续表

| 名称 | 主要生理功能 | 主要食物来源 |
| --- | --- | --- |
| 钙 | 构成牙齿和骨骼的重要成分，对骨骼的正常生长、维持骨骼健康至关重要 | 奶类、大豆类、带骨的鱼虾、部分深绿色蔬菜等 |
| 铁 | 血红蛋白和肌红蛋白的组成成分，摄入量不足会导致缺铁性贫血的发生 | 红肉、动物肝脏、动物血制品等 |
| 锌 | 体内多种酶的辅酶，对维持正常的免疫功能，促进激素分泌、味觉发育、学习认知发展有重要作用 | 贝壳类水产、动物肝脏、畜肉、坚果、谷类胚芽和麦麸等 |
| 维生素 A | 维持正常的视觉功能，维持皮肤黏膜的完整性，维持和促进免疫功能发展，对消化系统及泌尿生殖道上皮组织的健康有保护作用 | 动物肝脏、全脂奶、蛋类；深绿色蔬菜、橙黄色蔬菜和水果（富含胡萝卜素，胡萝卜素可以在人体内转化为维生素 A） |
| 维生素 D | 调节钙磷代谢，促进钙磷吸收。缺乏维生素 D，容易造成“维生素 D 缺乏性佝偻病” | 天然食物中的维生素 D 的含量较低，主要来源有动物肝脏、脂肪含量高的海鱼、蛋黄和奶油等 |
| 维生素 C | 促进胶原蛋白和抗体的合成，促进食物中铁的吸收，是重要的自由基清除剂 | 新鲜的蔬菜和水果 |

# 家长高度关注的营养素到底要不要补

现如今儿童营养补充剂的广告铺天盖地，这让一些家长陷入了“营养补充焦虑”：对照营养补充剂宣传语查找宝宝的健康问题，总觉得自家宝宝缺点营养。还有很多家长认为，营养素多吃总比少吃强。其实，盲目给儿童“进补”的危害，远不止交智商税这么简单。水溶性维生素很容易随体液排出，宝宝不会因为摄入过量而发生危险。但是维生素 A、维生素 D、维生素 E、维生素 K 等脂溶性维生素很难被排出体外，长期补充过量还容易引发中毒。这一节我们就来讲一讲家长高度关注的营养素到底要不要补。

## 维生素 D

各国权威机构都建议，健康的足月宝宝从出生两周起每天要补充 400 IU 的维生素 D。维生素 D 在食物中的含量很低，正常膳食很难满足宝宝对维生素 D 的需求，小宝宝也不适合长时间地晒太阳。因此，宝宝从出生两周起每天可以服用 400 IU 的维生素 D 补充剂，一直吃到老。维生素 D 也是唯一一种需要通过补充剂补充的营养素。

## 维生素 A

宝宝可以通过母乳、配方奶以及辅食摄入足量的维生素 A。不同月龄宝宝的维生素 A 补充原则如下。

- 0 ~ 6 月龄：每天需要摄入 300 μg RAE 的维生素 A。选择母乳喂养的妈妈要注意摄入富含维生素 A 的食物，同时保证宝宝的喝奶量。由于配方奶中已经添加了维生素 A，因此对于喝配方奶的宝宝，保证喝奶量即可。
- 7 ~ 12 月龄：每天需要摄入 350 μg RAE 的维生素 A。选择母乳喂养的妈妈要注意摄入富含维生素 A 的食物，保证宝宝的喝奶量。辅食中要注意添加富含维生素 A 的动物性食物，比如动物肝脏、蛋黄、奶类等，以及富含胡萝卜素的深绿色蔬菜、橙黄色蔬菜和水果，比如胡萝卜、红薯、菠菜、西蓝花、南瓜、芒果等。
- 1 ~ 3 岁：每天需要摄入 310 μg RAE 的维生素 A，维持上个阶段的饮食原则即可。

## 钙

很多家长都认为枕秃、出汗、睡眠不好是宝宝缺钙的表现。当怀疑宝宝缺钙的时候，很多家长也会带宝宝做各种各样的检查。可实际上，我们并不能通过微量元素检测（虽然钙不是微量元素，但是微量元素检测指标中有钙）、骨碱性磷酸酶以及骨密度检测来判断宝宝是否缺钙。要想确定宝宝是否缺钙，需要结合体内的维生素 D 水平和饮食情况来综合分析。

其实，无论是母乳、配方奶还是辅食，都含有丰富的钙，只要宝宝饮食合理，每天补充 400 IU 的维生素 D，就不会轻易缺钙。不同月龄宝宝的钙补充原则如下。

- 0 ~ 6 月龄：每天需要摄入 200 mg 钙。每天要保证宝宝的喝奶量，每天给宝宝补充 400 IU 的维生素 D。
- 7 ~ 12 月龄：每天需要摄入 250 mg 钙。每天要保证宝宝喝够 600 mL 奶，辅食中要注意添加富含钙的食物，比如牛奶、酸奶、奶酪、北豆腐、豆干、荠菜、苋菜、油菜、小鱼小虾、黑芝麻、白芝麻等食物，每天补充 400 IU 维生素 D。

- 1 ~ 3 岁：每天需要摄入 600 mg 钙。每天要保证宝宝喝够 500 mL 奶，辅食中要注意添加富含钙的食物，每天补充 400 IU 的维生素 D。

## 铁

80% 以上的贫血是由缺铁引起的，缺铁性贫血也是 2 岁以下婴幼儿中最常见的贫血类型。家长高度关注的微量元素检测结果并不能说明宝宝是否缺铁，因为微量元素检测测的是血清铁，而根据 WHO 诊断贫血的标准（海平面地区），血红蛋白才是诊断缺铁性贫血最常用的指标。对于 6 月龄 ~ 5 岁的儿童，当血红蛋白小于 110 g/L 即诊断为贫血。不同月龄宝宝的铁补充原则如下。

- 0 ~ 6 月龄：每天需要摄入 0.3 mg 铁。新生儿在胎儿期从母体内获得的铁足够这个阶段使用，不需要额外补铁。
- 7 ~ 12 月龄：每天需要摄入 10 mg 铁。因为母乳中铁的含量极低，添加辅食后一定要优先保证高铁食物的摄入。适合宝宝的补铁食物有强化铁米粉、牛肉、猪肉、羊肉、猪肝、鸡肝、鸡血、鸭血等。大豆类及其制品、蔬菜类、菌藻类也含有一定的铁元素，与富含维生素 C 的食物（鲜枣、猕猴桃、草莓、橘子等）一起吃可以促进铁吸收。建议宝宝每天吃 50 g 富含铁的红肉，每周吃 1 ~ 2 次动物肝脏，每天吃 1 个蛋黄或者全蛋。
- 1 ~ 3 岁：每天需要摄入 9 mg 铁，维持之前的饮食原则即可。

## 锌

由于缺锌的临床症状和生化特征改变并不明显，因此并不能通过微量元素检测来判断宝宝是否缺锌，需要结合膳食情况、生长发育水平和血浆锌含量来进行综合判断。不同月龄宝宝的锌补充原则如下。

- 0 ~ 6 月龄：每天需要摄入 2 mg 锌。保证宝宝的喝奶量。
- 7 ~ 12 月龄：每天需要摄入 3.5 mg 锌。每天要保证宝宝喝够 600 mL 奶，吃 1 个鸡蛋（或者蛋黄）和 50 g 红肉。
- 1 ~ 3 岁：每天需要摄入 4 mg 锌。在上个阶段的饮食基础上，多给宝宝吃水产、坚果等富含锌的食物，比如牡蛎、鲈鱼、蛏子、扇贝、蛤蜊、基围虾、松子等，或是每周吃一次动物肝脏。

## DHA

DHA（二十二碳六烯酸）被称为“脑黄金”，这是一种重要的 $\omega$-3 多不饱和脂肪酸，对胎儿和 3 岁内宝宝的大脑和视力发育至关重要。天然的 DHA 主要存在于水产类（三文鱼、秋刀鱼、沙丁鱼、鳟鱼、比目鱼、鲈鱼、鳕鱼、虾、蛤蜊、扇贝）、菌藻类和蛋黄中。但是补充过多的 DHA 并不会让孩子变得更聪明。

0 ~ 3 岁宝宝每天需要摄入 100 mg DHA。对于母乳喂养的宝宝，母乳是 DHA 的主要来源，保证喝奶量即可获得充足的 DHA。选择母乳喂养的妈妈要注意一周吃 2 ~ 3 次鱼，其中至少 1 次为富脂海鱼。如果无法通过饮食摄入充足的 DHA，妈妈可以每天通过补充剂补充 200 mg DHA。对于喝配方奶的宝宝，可以选择含有 DHA 的配方奶粉，DHA 的含量要占总脂肪酸的 0.2% ~ 0.5%，喝够奶即可不需要补充 DHA。添加辅食后，除了要保证宝宝每天的喝奶量外，还要保证宝宝每天吃一个全蛋，多吃富含 DHA 的水产。

# 读懂营养标签，了解食物的营养真相

我们在购买预包装食品时，总能在包装袋上找到很多与食品相关的信息，这些信息就是食品标签。食品标签是食品的“身份证”，学会看食品标签能帮我们选到真正适合宝宝的食品，绕开食品中的那些“坑”。

## 营养成分表

营养成分表是食品标签的一部分。《食品安全国家标准　预包装食品营养标签通则》(GB 28050—2011)规定，企业必须标示食品的能量、蛋白质、脂肪、碳水化合物和钠含量，其他成分是企业自愿标示的，比如钙、DHA、维生素 A 等。关于营养成分表能说的内容有很多，但是作为普通家长，主要记住两点就可以了。

### ◎ 钠≠盐，避免钠含量高的食物

都说 1 岁以内的辅食中不能加盐，这让很多家长“闻钠色变”。其实，大多数天然食物中都含有钠，即使某款食品的营养成分表中钠含量标示为 0，也不代表其中一点钠都没有。因为根据国标规定，当每 100 g 或者每 100 mL 食品中钠含量不超过 5 mg 时，企业就可以在包装上标示“0 mg”了。如果你想知道食品中的钠是否来源于额外添加的盐，看看配料表就知道了。

除了盐、酱油等调味品外，饮食中的钠主要来自加工食品。根据国标，低钠食品的钠含量小于等于 120 mg/100 g，营养素参考值(NRV)小于 5%。

如果某款产品的营养成分表中，钠的 NRV 超过了 30%，就算是高钠食品了，不建议给宝宝吃。

### ◎ 1 份还是 100 g

在查看营养成分表时一定要注意一个小细节——有些产品标示的并不是每 100 g 食品中的营养素含量，而是每份（厂家可以自己定义一份是多少）食品中的营养素含量。在比较几款同类型产品的营养时，一定要按照相同的基数比较。我们一起来看一下图 2.1 中的这款全麦消化饼干的包装信息图。乍一看这款饼干的能量并不高，可仔细看就会发现这标示的只是 2 块（30 g）饼干的营养成分，如果按照 100 g 换算的话，能量就高达 466 kcal 了。这盒饼干有 400 g，也就是 20 多块饼干，如果全吃完的话，一日摄入的能量、碳水化合物、脂肪、钠将全部超标，但是蛋白质的摄入却远远不足。

**× × 全麦消化饼干**

**营养成分表**

| 项目 | 每份（2 块 30 g） | NRV |
| --- | --- | --- |
| 能量 | 140 kcal | 7% |
| 脂肪 | 6 g | 10% |
| －饱和脂肪 | 3 g | 2% |
| －反式脂肪（酸） | 0 g | － |
| 蛋白质 | 2 g | 3% |
| 碳水化合物 | 20 g | 7% |
| 钠 | 160 mg | 8% |

**配料**：小麦粉、植物油、全麦粉、白砂糖、果葡糖浆、硫酸氢钠、DL- 苹果酸、碳酸氢铵、食盐。

图 2.1　某款全麦消化饼干的包装信息图

## 配料表

配料表中列出的是食品加工时使用的所有原料信息。关于配料表，各位家长要记住如下几点。

### ◎ 排名越靠前，含量越多

配料表中列出的各种配料需要按照食品加工时的添加量来排序，排在第一位的配料一定是添加量最大的。比如图 2.2 这款乳酸菌饮品，配料表中排第一位的是水，排第二位的是白砂糖，这是不是很令人惊讶？这简直就是一瓶糖水啊。喝一瓶这种饮品不仅不能帮助消化，反而会导致摄入了很多糖。如果是给宝宝挑选食品，我们建议购买配料表中额外添加成分比较少的，以天然食物为主的，尽量少购买含有不必要添加剂的食品。

**名　　称**：活性乳酸菌饮品（原味）
**配　　料**：水、白砂糖、脱脂乳粉、葡萄糖、低聚麦芽糖、干酪乳杆菌、食品添加剂（乳酸、柠檬酸钠）、食用香精。
**规　　格**：435 mL/ 瓶
**贮存条件**：冷藏于 0 ~ 7℃

图 2.2　某款乳酸菌饮品的包装信息图

### ◎ 这些成分，尽量避免

家长在给宝宝选择包装食品时，要避免选择添加了氢化植物油、植物奶油、植物黄油、人造奶油、起酥油的食品，因为其中含有反式脂肪酸；要避免选择添加了过多盐的食品；要避免选择添加了果糖、蔗糖、赤藓糖醇等添加糖和甜味剂的食品，以及原本添加糖含量就很高的食品，比如果汁、蜂蜜等。要多选择以天然食品作为配料的食品。

过早接触过咸和过甜的味道，不利于宝宝形成清淡口味。多吃添加糖含量高的食物也会导致能量摄入超标，营养素摄入不足，未来会增加宝宝发生肥胖、龋齿等问题的风险。是不是配料表中带“糖”字的成分都是不好的呢？未必。低聚果糖、低聚麦芽糖、大豆低聚糖、低聚半乳糖等是益生元，也可以叫作“功能性糖”，有利于肠道有益菌的生长和繁殖，改善肠道内环境。

那么如何识别配料表中哪些成分是添加糖或者含有添加糖、哪些成分是甜味剂、哪些成分是对身体有益的益生元呢？表 2.2 中列举了配料表中常见的与“糖”有关的配料，以及这些“糖”的类别。益生元虽然对宝宝的健康有益，但是也要综合考虑其他添加成分对宝宝健康的影响。

表 2.2　常见的与“糖”有关的配料

| 含“糖”的类别 | 名称 |
| --- | --- |
| 添加糖 | 蔗糖、白砂糖、葡萄糖、果葡糖浆、麦芽糖浆、蜂蜜、冰糖、红糖、黄糖、黑糖、绵白糖、海藻糖、果汁、糖粉、麦芽糖、饴糖、枫糖浆、玉米糖浆、龙舌兰糖浆、玉米糖浆固体、结晶果糖、转化糖浆 |
| 功能性糖 | 低聚果糖、低聚半乳糖、大豆低聚糖、水苏糖、棉籽糖、菊粉、多聚果糖、魔芋多糖、β-葡聚糖、低聚异麦芽糖、低聚乳果糖、低聚木糖、聚葡萄糖、乳果糖 |
| 甜味剂 | 木糖醇、赤藓糖醇、甘露糖醇、乳糖醇、山梨糖醇、甜菊糖苷、罗汉果糖苷、糖精钠、阿斯巴甜、安赛蜜、三氯蔗糖、纽甜 |

# 食物多样化，营养才均衡

很多家长一听说哪种食物营养丰富，就会让宝宝每天都吃。其实，想要让宝宝摄入充足的营养，只靠多吃某一种或者某一类食物是不现实的，因为每类食物的营养特点不同。只有做到食物多样化，每类食物都吃，合理进行食物搭配，才能保证营养摄入全面。那么不同食物的营养特点有什么不一样呢？这一节我们就一起来了解一下吧！

## 谷薯杂豆类：碳水化合物的主要来源

谷薯杂豆类就是我们常说的“主食”，通常富含淀粉，是碳水化合物的主要食物来源。碳水化合物能为宝宝提供一天中接近一半的能量。

### 细粮、粗粮、薯类

#### ◎ 细粮

细粮通常指的是精白米和精白面，以它们为原料做成的食物有米饭、粥、面包、面条、米粉、面饼、馒头等，这些食物的优点是易于消化吸收，可以快速提供能量。但细粮由于在加工过程中被处理得太精细，损失了很多珍贵的营养素，尤其是 B 族维生素和膳食纤维。

◎粗粮

粗粮通常指的是全谷物、各种干豆和薯类，粗粮中的维生素和矿物质含量都显著高于细粮，比如糙米中的维生素 $B_1$、维生素 $B_2$、钾、镁的含量是同等质量的精白米的 3 倍以上。

粗粮中的膳食纤维含量比细粮高，因此可以有效预防和缓解宝宝排便困难的问题。如果宝宝胃肠道功能较差，吃太多的粗粮可能会导致消化不良，还可能会影响铁的吸收。因此，添加辅食初期要以精白米面为主（如强化铁米粉）。如果宝宝对粗粮的接受程度较高，我们可以在每天的饮食中少量添加一些。如果宝宝对粗粮的接受程度一般，可以每周添加 1 ~ 2 次。如果宝宝对粗粮非常排斥，也不用太担心，只要保证奶、蔬菜、肉等其他类食物的摄入就可以了。

◎薯类

薯类也是粗粮的一种，但是相比全谷物和各种干豆，薯类的营养特点有些不同，因此我们把薯类单独拿出来进行介绍。薯类富含多种 B 族维生素、柔软的膳食纤维，以及大多数粮食中不含有的维生素 C。膳食纤维对预防便秘非常有效，日常可以替代部分精白米面给宝宝吃。不过刚开始给宝宝吃薯类的时候，要注意少量添加，因为薯类吃多了容易胀气，会导致宝宝肠胃不舒服。

## 谷薯杂豆类的特点总结

不同谷薯杂豆类的特点见表 2.3。要注意的是，谷薯杂豆类中铁、锌、钙、维生素 A 等营养素的含量较低，日常一定要注意吃够动物性食物，否则容易导致缺锌、缺铁性贫血等问题的发生。

表 2.3　不同谷薯杂豆类的特点

| 类别 | 具体食物 | 是否富含某种营养素 | | | | | 适合添加月份 | 食用建议 |
|---|---|---|---|---|---|---|---|---|
| | | 碳水化合物 | B 族维生素 | 维生素 C | 矿物质 | 膳食纤维 | | |
| 细粮 | 大米、白面 | ○ | × | × | × | × | 6 月龄以上 | · 辅食中谷薯杂豆类的添加要以细粮为主，粗粮为辅<br>· 添加辅食初期以强化铁米粉为主 |
| 粗粮 | 小米、黑米、燕麦、红豆、绿豆、薏米等 | ○ | ○ | × | ○ | ○ | 8 月龄以上 | · 糙米、荞麦等粗粮不易消化，不建议给小月龄的宝宝添加<br>· 即便宝宝能够接受粗粮，粗粮的添加量也不建议超过谷薯杂豆类总量的 1/3<br>· 烹调粗粮前可以将粗粮提前浸泡，便于煮软 |
| 薯类 | 马铃薯、红薯、紫薯、山药、芋头等 | ○ | ○ | ○ | ○ | ○ | 6 月龄以上 | · 可以替代一部分细粮食用<br>· 容易导致胀气，添加后要注意观察宝宝的反应 |

丁妈辅食课堂

**食用谷薯杂豆类的注意事项**

- 经过酵母发酵后的谷薯杂豆类食物（比如发糕）口感蓬松柔软，其中的 B 族维生素含量大大提高，很适合给宝宝吃。
- 凉皮和粉丝的主要制作原料是淀粉，由于其中的蛋白质、矿物质和维生素含量极低，不建议经常给宝宝吃。
- 普通挂面在加工过程中添加了碱，其中的钠含量并不低，不建议经常给宝宝吃。可以选择专门给宝宝吃的低钠面。
- 淀粉很容易吸油，因此烹调谷薯杂豆类应该少用煎炸的烹调方式，多用蒸煮。油条、手抓饼、飞饼、榴莲酥、炸薯饼等食物都含有大量的油脂，不建议经常给宝宝吃。
- 谷薯杂豆类普遍缺乏赖氨酸，日常搭配赖氨酸含量丰富的动物性食物和大豆类，可以实现氨基酸互补，营养翻倍。

## 畜肉类、禽肉类和水产类：富含优质蛋白质、脂溶性维生素和矿物质

畜肉类、禽肉类和水产类都是常见的动物性食物，是优质蛋白质、脂溶性维生素和矿物质（比如锌和铁）的良好来源。广义的肉类包括畜类和禽类的肌肉、内脏和血液。一般我们说的肉类主要指的是肌肉部分。

### 畜肉类

畜肉（比如猪肉、牛肉、羊肉等）中含有丰富的优质蛋白质和血红素铁，

我们通常说的红肉指的就是畜肉。添加辅食后，就可以让宝宝每天吃细腻的红肉了，可以预防缺铁性贫血的发生。

◎猪肉

猪肉不同部位的营养略有差异，口感也不尽相同，需要根据要做的辅食选择适合的部位。

适合用于制作辅食的猪肉部位有猪腿肉和猪里脊。

- 猪腿肉：脂肪含量低、价格低廉，适合制作成肉泥、肉丸。
- 猪里脊：筋膜少、口感嫩，适合制作成肉糜、肉丝、肉丁。

不适合用于制作辅食的猪肉部位有五花肉、猪大排和猪肋排。

- 五花肉：脂肪含量高、猪皮较难咀嚼。
- 猪大排：较难咀嚼，需要预处理。
- 猪肋排：有筋膜，需要剔骨，较难咀嚼。

**猪肉的选购技巧**：选购猪肉时，要注意去大型超市或品牌专柜购买，这样能保证猪肉的新鲜和品质。冰鲜肉比冷冻肉口感好。如果是买回来直接制作辅食的话，可以购买小分量的冰鲜肉。可以把一次吃不完的肉在冷冻前分成小份，用保鲜袋包好，每次吃的时候取出来一份。猪肉最好不要复冻，否则会影响口感，也会造成营养素的流失。

◎牛肉

牛肉中的蛋白质含量比猪肉高，这导致了牛肉口感更硬，需要的烹调时间也更久。

适合用于制作辅食的牛肉部位有牛腿肉和牛里脊。

- 牛腿肉：脂肪含量低，肉质紧实，价格低，适合制作成肉泥。注意制作辅食前应剥去表面筋膜。
- 牛里脊：脂肪含量低，口感嫩，适合制作成肉丝、肉丁等。

不适合用于制作辅食的牛肉部位有牛腩和牛腱。

- 牛腩：筋膜较多，不容易炖烂。

- 牛腱：一般是经红烧或卤制后切薄片食用，口味较重。

**牛肉的选购技巧：**牛肉的购买原则和猪肉一样，建议大家去大型超市或品牌专柜买肉。如果是买回来就吃，建议优先选择冰鲜肉。我们在超市可以购买到的冰鲜肉几乎都是国产肉，进口肉一般是冷冻运输到国内，再解冻至“冰鲜”状态售卖。冰鲜牛肉的肉色呈红色，外表看上去有光泽，脂肪洁白。冰鲜牛肉按压后能迅速回弹，腥味较淡。如果冷冻牛肉的生产日期新鲜，速冻和解冻方式合理，通常也能呈现上述特性，不过颜色会比冰鲜牛肉暗一些。

## 禽肉类

禽肉（比如鸡肉、鸭肉等）含有丰富的优质蛋白质、维生素和矿物质。我们吃的最多的禽肉是鸡肉，鸡肉中的脂肪含量比猪肉和牛肉低。蒸、煮、炒都是适合鸡肉的烹调方式。

适合用于制作辅食的鸡肉部位有鸡腿肉和鸡胸肉。这两个部位的肉没有骨头，易于咀嚼。等宝宝长大了，也可以给宝宝做一整个小鸡腿，让宝宝手拿鸡腿啃着吃。

不适合用于制作辅食的鸡肉部位有鸡翅。鸡翅含有较多的骨头，对宝宝来说较难咀嚼。

## 水产类

相比畜禽肉类，水产类最大的特点是脂肪含量更低，优质蛋白质含量更高。大多数水产类含有丰富的多不饱和脂肪酸，这是宝宝大脑和视力发育所必需的营养素，贝类也是锌的重要来源。

适合用于制作辅食的鱼类有三文鱼、黑鱼、鲈鱼、鳜鱼、鲳鱼、鳕鱼、比目鱼、龙利鱼等。这些鱼的共同特点是肉质细嫩、没有小刺、甲基汞含量低。其中富脂海鱼（比如三文鱼）和一些淡水鱼（比如鲈鱼）含有丰富的DHA。

适合用于制作辅食的虾类有各种去壳的虾仁，比如白虾仁、红虾仁、黑虎虾仁等。适合用于制作辅食的贝类有扇贝柱。

不适合用于制作辅食的水产类有甲基汞含量高的深海大体形鱼，具体包括大耳马鲛、剑鱼、鲨鱼、枪鱼、橙棘鲷（胸棘鲷）、方头鱼和大眼金枪鱼（其他种类的金枪鱼可以食用）。甲基汞会损害婴幼儿的神经系统。

**水产类的选购技巧：**大多数家庭一般会选择冷冻水产制作辅食。选购冷冻水产时建议选择有包装的产品，可以明确知道冷冻水产的生产日期、包装日期、贮存日期、是否额外添加了钠等信息。如果购买的是新鲜水产，直接将肉取出烹调即可。

## 畜禽肉类和水产类的特点总结

介绍了这么多关于畜禽肉类和水产类的特点，如果你还是一头雾水，可以看看总结表 2.4。

表 2.4　畜肉类、禽肉类和水产类的特点

| 类别 | 具体食物 | 是否富含某种营养素 | | | | 适合添加月份 | 食用建议 |
|---|---|---|---|---|---|---|---|
| | | 优质蛋白 | 铁 | 锌 | DHA | | |
| 畜肉类 | 猪肉、牛肉、羊肉等 | ○ | ○ | ○ | × | 6 月龄以上 | · 选择瘦肉部位，如里脊肉、腿肉<br>· 可以与富含淀粉的食物一起烹调 |
| 禽肉类 | 鸡肉、鸭肉等 | ○ | × | × | × | 6 月龄以上 | 选择蛋白质含量高的胸肉和腿肉，去皮去筋膜后再进行烹调 |
| 水产类 | 三文鱼、鲈鱼、基围虾、河虾、扇贝柱等 | ○ | × | ○ | ○ | 6 月龄以上 | · 每周吃 1 ~ 2 次水产类。鱼类要选择甲基汞含量较低、DHA 含量丰富、刺少的鱼<br>· 富含 DHA 的鱼类主要是富脂海鱼，比如三文鱼。一些淡水鱼类也含有较丰富的 DHA，比如鲈鱼 |

丁妈辅食课堂

## 宝宝不爱吃肉怎么办

如果宝宝不爱吃肉，不妨试试下面的小技巧吧！

- **选合适的部位：**适合宝宝吃的肉有畜肉的腿肉和里脊，禽肉的胸肉和腿肉，以及鱼肉和虾仁等。这些肉没有骨头，肉质相对细嫩。
- **处理成合适的性状：**根据宝宝在不同阶段的咀嚼能力，肉也要处理成合适的性状。添加辅食初期可以从肉泥开始添加，逐渐过渡到肉糜、肉末、小肉丁。

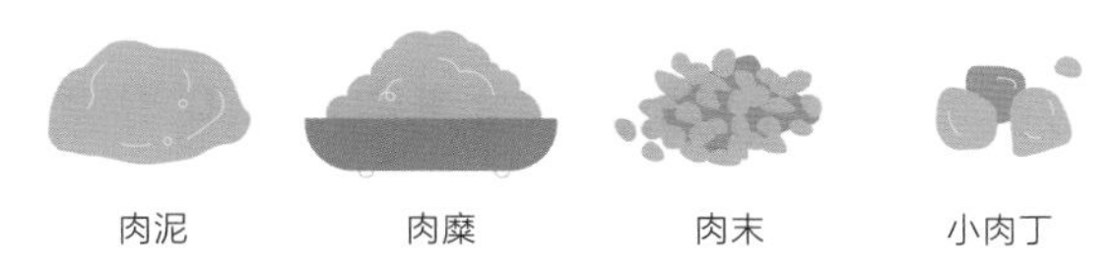

肉泥　肉糜　肉末　小肉丁

- **用对去腥方法：**生姜、柠檬、洋葱、大葱都是适合去腥的食材。注意不要用料酒去腥，因为其中含有酒精。
- **让肉更嫩、更软的方法：**可以用蛋清、水淀粉对肉进行上浆，这样可以保留肉的水分，让肉吃起来更嫩。也可以用高压锅炖肉或者延长炖肉的时间，这样制成的肉泥口感更好。
- **跟富含淀粉的食物一起制作：**肉类搭配富含淀粉的食物一起打泥，不仅更容易打碎，口感也更细腻。比如猪肉搭配红薯、鸡肉搭配土豆、羊肉搭配山药、牛肉搭配南瓜等。
- **增加风味：**烹调肉类时可以加入带有天然酸味的番茄、菠萝、柠檬等，带有鲜味的海鲜菇、香菇等，改变和丰富肉类的味道。
- **变化形式：**可以把肉类加工成肉泥、肉肠、肉丸、肉饼后再给宝宝吃。也可以把肉类做成肉松，减少“发柴”的口感。
- **正确切割：**牛羊肉要逆着肉的纹理切，即刀和肉的纹理呈 90°，切出来的肉片纹路呈“井”字，如果顺着纹理切，做出来的肉就很容易咬不动。

而猪肉需要顺着肉的纹理切，即刀和肉的纹理是平行的。

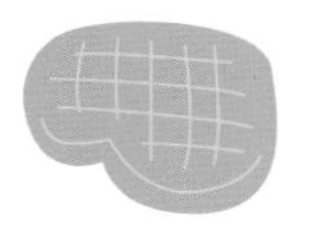

**牛肉**
逆着纹理切，呈“井”字形

**猪肉**
顺着纹理切，呈“川”字形

## 蛋类、大豆类和奶类：富含优质蛋白质、矿物质和脂溶性维生素

### 蛋类

鸡蛋是一种接近完美的食物。蛋清富含易消化的优质蛋白质，而蛋黄富含卵磷脂、维生素 D、维生素 A、胆碱、DHA 等营养成分，对健康十分有益。虽然 1 岁前宝宝胃口不大，但是要保证每天至少吃 1 个蛋黄。

**蛋类的选购技巧**：不要因为蛋壳的颜色决定买什么鸡蛋。蛋壳的颜色由母鸡的基因决定，与鸡蛋的味道和营养价值无关；因鸡的饲养环境、饲料等条件的不同，土鸡蛋和洋鸡蛋的口感会有差异，但是营养价值差别不大，挑喜欢的买就行；鸭蛋、鸽子蛋、鸡蛋、鹌鹑蛋……不同蛋类的营养价值相差不大。卖得贵的蛋，只是因为产量少，导致物以稀为贵。如果只是想给宝宝换种蛋尝尝，倒是可以试试鸡蛋以外的蛋。

丁妈辅食课堂

**蛋类的烹调小技巧**

- 除非烹调至发焦、发脆的程度，否则不同烹调方式对鸡蛋的营养影响并不大。不过因为鸡蛋中的脂肪和胆固醇在受热的过程中会发生氧化，尤其是用油煎、炸、炒的时候，所以建议多用蒸煮的方式烹调鸡蛋。
- 用让水保持微微冒泡而不是完全沸腾的温度开盖煮蛋，既能让鸡蛋煮熟，又能让鸡蛋壳不碎。
- 嫩煎鸡蛋的小技巧：不粘锅中倒入适量食用油，打入一个鸡蛋，待鸡蛋稍成形，蛋清有点变白后，从鸡蛋侧面慢慢倒入热水，水面稍微高过鸡蛋一点就可以。盖上锅盖焖至鸡蛋全熟即可。

## 大豆类

大豆（比如黄豆、黑豆等）和大豆制品也是优质蛋白质的良好来源。一些大豆制品由于在生产加工的过程中添加了含钙的凝固剂（比如卤水和石膏），因此钙含量较高。需要注意的是，大豆类含有低聚糖，宝宝吃后容易出现胃胀不舒服的现象，因此给宝宝吃大豆和大豆制品要适量。

适合宝宝吃的大豆制品有豆腐、豆浆、豆干等，尤其是豆腐，因其口感软糯嫩滑，非常适合宝宝吃。豆腐也分很多种，常见的有北豆腐、南豆腐和内酯豆腐，它们含钙量不同。100 g 北豆腐（卤水豆腐）约含有 138 mg 钙，100 g 南豆腐（石膏豆腐）约含有 116 mg 钙，100 g 内酯豆腐中约含有 17 mg 钙。

### 奶类

奶类是优质蛋白质和钙的重要来源，奶类中的钙磷比非常合适，这有利于钙的吸收。

适合宝宝的奶类：对于 1 岁以内的宝宝来说，母乳是主要的营养来源，母乳不足的情况下可以选择合适的配方奶进行补充。1 岁以上的宝宝就可以摄入各种各样的乳制品了，冷藏的巴氏杀菌奶、超高温灭菌奶、酸奶、天然低钠的奶酪都很适合宝宝。

不适合宝宝的奶类：现挤的、没有经过巴氏杀菌的奶，加了各种糖和香精的“儿童牛奶”，蛋白质含量低、糖含量高的含乳饮料。

**奶类的选购技巧：**（1）宝宝在 2 岁前应该喝全脂牛奶，如果宝宝有超重、肥胖的倾向，可以在 2 岁以后改喝低脂牛奶。脱脂牛奶因为能量太低，不适合 5 岁以下的宝宝喝。（2）无论是冷藏的巴氏杀菌奶，还是可以常温储存的超高温灭菌奶，都适合 1 岁以上的宝宝喝。虽然超高温灭菌导致对热敏感的营养素损失了一部分，但是牛奶中的主要营养素钙和蛋白质基本不受温度的影响。（3）1 岁以上的宝宝可以喝羊奶、水牛奶、骆驼奶等小众奶，只是相比牛奶，这些小众奶的性价比有些低。

## 蔬菜：富含维生素、矿物质和膳食纤维

蔬菜是膳食纤维、类胡萝卜素、维生素 C、维生素 K、叶酸、钾、铜、镁等营养素的重要来源，对提高膳食中微量营养素的含量、促进宝宝的生长发育起着重要的作用。从 6 月龄开始，我们就可以让宝宝尝试各种蔬菜了。不同类型蔬菜的营养特点也不同。严格来说，蔬菜可以分为叶菜嫩茎类、茄果瓜菜类、根茎类、菌藻类、鲜豆类等，但是这样的分类对于普通家长来说有些复杂了。为了方便大多数家长理解，我们将蔬菜分深色蔬菜、浅色蔬菜、菌藻类和鲜豆类。下面我们就一起来了解下不同类蔬菜的营养特点吧！

## 深色蔬菜和浅色蔬菜

根据颜色，蔬菜可以分为深色蔬菜和浅色蔬菜。深色蔬菜包括深绿色蔬菜、橙红色蔬菜和紫红色蔬菜。浅色蔬菜则是那些颜色较浅，内部通常呈白色或者浅绿色的蔬菜。关于深色蔬菜和浅色蔬菜的营养特点和食用建议，大家可以见表 2.5。

总体而言，深色蔬菜的营养素含量较高。比如深红色番茄中的番茄红素会比浅红色番茄高；深绿色蔬菜中的叶酸、镁、类黄酮、维生素 $B_2$ 等成分的含量均高于浅绿色蔬菜。橙红色蔬菜和紫红色蔬菜中的叶酸和 β－胡萝卜素含量非常丰富。在宝宝每天的饮食中，深色蔬菜的摄入量应该占蔬菜摄入总量的 1/2 以上。需要注意的是，一些深绿色叶菜中的草酸含量较高，给宝宝吃之前要先焯水去除部分草酸，以免影响钙吸收。

## 菌藻类

相比其他类蔬菜，菌藻类的营养优势在于其富含膳食纤维、碘和 B 族维生素，尤其是碘和维生素 $B_{12}$。因为菌藻类咀嚼难度较大，因此需要将食物煮软并处理成合适的大小再给宝宝吃。常见的菌藻类食物有平菇、口蘑、香菇、金针菇、海带、紫菜、海鲜菇等。

## 鲜豆类

鲜豆类食物富含膳食纤维和蛋白质，其中维生素和矿物质的含量较深色蔬菜低。常见的鲜豆类食物有蚕豆、豌豆、豇豆、荷兰豆、四季豆等。在添加辅食初期，这些食物对宝宝来说咀嚼难度较大，建议煮熟、煮透，搅碎后再给宝宝吃，或是等到 8 月龄之后再添加。需要注意的是，四季豆等鲜豆类要充分煮熟，破坏其中的毒素后再给宝宝吃。

表 2.5　深色蔬菜和浅色蔬菜的特点

| 类别 | | 具体食物 | 是否富含某种营养素 | | | | | | | | 食用建议 |
|---|---|---|---|---|---|---|---|---|---|---|---|
| | | | 钙 | 叶酸 | 维生素 K | 维生素 C | β - 胡萝卜素 | 番茄红素 | 花青素 | 膳食纤维 | |
| 深色蔬菜 | 深绿色蔬菜 | 菠菜、油菜、芹菜叶、空心菜、莴笋叶、韭菜、西蓝花、茼蒿等 | ○ | ○ | ○ | ○ | ○ | × | × | ○ | · 添加辅食初期可以选择比较容易吞咽的菜叶，煮软后给宝宝吃<br>· 每天可以给宝宝添加多种不同颜色的蔬菜，营养丰富又能促进食欲<br>· 每天深色蔬菜的摄入量应该占蔬菜摄入总量的 1/2 以上 |
| | 橙红色蔬菜 | 胡萝卜、西红柿、南瓜、彩椒等 | × | ○ | × | ○ | ○ | ○ | × | ○ | |
| | 紫红色蔬菜 | 紫甘蓝、苋菜等 | × | × | × | × | ○ | × | ○ | ○ | |
| 浅色蔬菜（白色、浅绿色） | | 大白菜、黄瓜、白萝卜、卷心菜、芹菜、莲藕、生菜等 | × | × | × | ○ | × | × | × | ○ | 浅色蔬菜的营养素含量虽然低于深色蔬菜，但是营养也算是不错的，日常要多给宝宝吃，增加蔬菜的总摄入量 |

## 水果：富含维生素、矿物质和膳食纤维

水果中含有丰富的碳水化合物、维生素C、镁、钾、膳食纤维等营养成分。因为水果带有天然的酸甜味，所以相比蔬菜大部分宝宝更喜欢水果。添加辅食后就可以给宝宝尝试各种水果了，但是在宝宝1岁前，我们要优先保证奶类、禽畜肉类、水产类、蛋类和蔬菜类的摄入，在此基础上再给宝宝吃适量水果，以免吃过多水果而影响吃正餐。

适合用于制作辅食的水果有苹果、香蕉、西梅、西瓜、哈密瓜、蓝莓、火龙果、葡萄等。

**水果的选购技巧：**尽量选择当季的新鲜水果，不仅价格便宜，品质也有保证。气温较高时，可以将水果放入冰箱储存。尽量不买水果罐头和果汁，其中的游离糖不利于宝宝的健康。

## 坚果、食用油类：富含脂肪

### 坚果

坚果含有丰富的不饱和脂肪酸和钙，但是坚果较硬，宝宝无法直接食用，捣成小颗粒还很容易让宝宝发生呛咳。比较适合宝宝的食用方法是将坚果打成粉或者制作成坚果酱，和其他食物混合食用。自制的芝麻粉、坚果粉可以密封冷冻储存，以免发生氧化。

适合用于制作辅食的坚果有黑芝麻、核桃、腰果、杏仁等。

**坚果的选购技巧：**坚果富含脂肪，因此很容易受储存环境的影响而发生变质。因此不要选择生产日期不确定的散装坚果，优先选择有包装的品牌坚果，生产日期距离购买日期越接近越好。

## 食用油

食用油富含脂肪。辅食中一般不需要添加食用油，因为饮食中脂肪的主要来源是母乳或配方奶，然后是辅食食物，最后才是食用油。如果宝宝因为过敏等原因，饮食主要以植物性食物为主，动物性食物吃得很少，那么就要在每天的饮食中额外添加 5 ～ 10 g 食用油。

我们应该根据不同的烹调方式给宝宝选择不同的食用油。我们日常生活中常用的大豆油、玉米油、花生油、葵花籽油虽然也可以用来炒菜，但是这些油的多不饱和脂肪酸含量相对较高，需要控制炒菜的温度和时间。相比之下，单不饱和脂肪酸含量较高的菜籽油、牛油果油、茶籽油更适合用来炒菜。

**食用油的选购技巧：**建议选小瓶装的食用油，这样可以尽可能保证食用油的新鲜。食用油最好用深色容器装，能有效防止食用油氧化酸败。建议定期更换食用油，不要只吃一种油。在饮食中也可以用一些富含脂肪的食物来替代食用油，比如牛油果、芝麻酱、花生酱等。

第三章

# 省时省力的快手辅食技巧

# 有效缩短烹调时间的窍门

现如今，大多数家长都要兼顾工作和照顾宝宝，制作辅食的时间就显得很有限了。有一些小窍门可以帮助你缩短制作辅食的时间，一起来了解一下吧！

## 缩短烹调时间的通用技巧

**◎提前浸泡**

在煮粥或者焖饭前将谷类和杂豆浸泡 30 min，可以使其充分吸水膨胀，缩短烹调时间。

**◎切小、打碎**

将食物切成小块再烹调可以缩短烹调的时间，比如胡萝卜粒比整块胡萝卜熟得快。

**◎先焯水、再烹调**

胡萝卜、青豆、玉米、刀豆、土豆等不太容易做熟的食物，可以先将其焯水再进行烹调，缩短烹调的时间。

**◎从大人的食物中“蹭”一点**

直接“蹭”一些烹调好、但是还没加调味品的大人食物，处理成合适的性状给宝宝吃，可以大大缩短制作辅食的时间。比如可以在加调味品之前，取一部分煮软或者炒软的蔬菜，切小段或者剪碎后给宝宝吃。

**◎巧用成品辅食**

可以给小月龄的宝宝买一些成品辅食泥，节约辅食制作和收拾清理的时间。除了直接吃辅食泥，还可以将成品蔬果泥和肉类一起烹调，改善肉的口感；将混合肉泥作为酱料，搭配米粉、粥、面条、米饭给宝宝吃。

## 食物这样处理，便捷又安全

了解每类食物的处理要点，可以让你对辅食制作的方法了然于胸，彻底告别手忙脚乱。

### 谷类和杂豆类

谷类和杂豆类通常是用来煮粥或者做软饭。你只需要掌握“提前浸泡”和“调整米水比”，就能做出适合宝宝的粥或者软饭了。你可以直接用电饭煲煮粥或者焖饭，也可以选择自己烹调。如果是不容易做熟的原料（比如红豆、整粒燕麦等），需要提前用水浸泡。

粥和软饭的具体做法：准备原料，加入适量水，煮沸后转中小火，煮至米粒膨胀。频繁用勺子搅拌，煮至适当的稠度即可关火。调整米和水的比例，就可以煮出不同稠度的粥和软饭了。

- 稀粥（米：水 =1：10）：适合 6 ~ 7 月龄的宝宝。
- 稠粥（米：水 =1：6）：适合 8 ~ 9 月龄的宝宝。
- 软饭（米：水 =1：4）：适合 10 ~ 12 月龄的宝宝。
- 米饭（米：水 =1：2）：适合 12 月龄以上的宝宝。

## 蔬菜类

不同蔬菜的常见制作方法如表 3.1 所示，要将蔬菜处理成适合宝宝月龄的性状才能给宝宝食用。

表 3.1　蔬菜类的常见制作方法

| 名称 | 制作方法 |
| --- | --- |
| 深绿色叶菜，如菠菜、油菜、小白菜、菜心、茼蒿等 | · 菜泥：洗净—浸泡 10 ～ 15 min—沸水焯 1 min 去除草酸—去除茎部，切成合适的大小—用研磨碗处理成菜泥（适合小月龄宝宝）<br>· 菜段：洗净—浸泡 10 ～ 15 min—沸水焯 1 min 去除草酸—去除茎部，切成合适的大小—直接吃或者爆炒（适合大月龄宝宝） |
| 白萝卜、冬瓜 | · 菜泥：洗净、去皮—切块—蒸熟或煮熟—用研磨碗处理成泥（适合小月龄宝宝）<br>· 菜块：洗净、去皮—切块—蒸熟或煮熟—切小块或者切条作为手指食物（适合大月龄宝宝） |
| 菜花、西蓝花 | · 菜泥：洗净—浸泡 10 ～ 15 min—掰成小朵—煮至软烂—加适量水，用料理棒打成泥（适合小月龄宝宝）<br>· 菜块：洗净—浸泡 10 ～ 15 min—掰成小朵—煮至软烂—直接吃或者爆炒（适合大月龄宝宝） |
| 土豆、红薯、紫薯、南瓜 | · 菜泥：洗净、去皮—切块—蒸或煮至叉子可以轻松将食物扎透—加入适量温水、母乳或配方奶碾成泥或者打成泥（适合小月龄宝宝）<br>· 菜块：洗净、去皮—切块—蒸或煮至叉子可以轻松将食物扎透—切成小块或者切成条作为手指食物（适合大月龄宝宝） |

## 水果类

添加辅食初期，可以选择熟透或者质地较软的水果（比如香蕉、牛油果、木瓜、桃子、草莓等），洗干净去皮去籽后，直接用研磨碗碾成泥，或者用不锈钢勺子刮成泥给宝宝吃。等宝宝长出了前面的牙齿后，可以将质地较软的水果切成 7 cm 左右的长条，让宝宝练习抓着吃。等宝宝吃得不错了，还可以让宝宝尝试稍有嚼劲的水果，切成片或者小块的水果。需要注意的是，葡萄、冬枣等硬圆的水果需要切小再给 3 岁前的宝宝吃，以免发生呛咳。

## 畜肉类、禽肉类和水产类

畜肉类、含肉类和水产类的常见制作方法如表 3.2 所示。

表 3.2　畜肉类、禽肉类和水产类的常见制作方法

| 名称 | 制作方法 |
| --- | --- |
| 牛肉、猪肉、鸡肉、鸭肉 | · 肉泥：洗净—蒸熟或煮熟—打成肉泥（可以添加土豆、红薯等富含淀粉的食物）—将多余的肉泥放入辅食分格盒，冷冻储存（适合小月龄宝宝）<br>· 肉块、肉丝、肉片：洗净—剁成肉糜，或者切成小肉丁、肉丝、肉片等—和其他食物一起蒸熟、煮熟或者炒熟<br>· 肉丸、肉肠：洗净—切片—加入蛋清、淀粉，打成肉泥—肉肠需要将肉泥填入模具、肉丸需要用勺子将肉泥舀成丸子状—将肉肠蒸熟，肉丸煮熟（适合大月龄宝宝） |
| 动物肝脏 | · 肝泥：洗净，剔除筋膜—切片—加入葱姜水浸泡 15 min—蒸熟或者煮熟—加水打成泥（适合小月龄宝宝）<br>· 肝片：洗净，剔除筋膜—切片—加入葱姜水浸泡 15 min—蒸熟或者煮熟（适合大月龄宝宝） |

续表

| 名称 | 制作方法 |
| --- | --- |
| 三文鱼、鳕鱼、龙利鱼、鲈鱼 | · 鱼肉泥：洗净—切片—蒸熟—加水打成泥（适合小月龄宝宝）<br>· 鱼肉碎：洗净—切片—蒸熟—用勺子或叉子将鱼肉碾碎（适合大月龄宝宝）<br>· 鱼肉丸：洗净—切片—加入淀粉、蛋清等打成泥—用勺子将鱼肉泥舀入沸水中形成鱼肉丸，煮熟（适合大月龄宝宝） |
| 虾 | · 虾肉泥：洗净—取虾仁—煮熟—加水打成泥（适合小月龄宝宝）<br>· 虾肉碎：洗净—取虾仁—煮熟—切成碎末（适合大月龄宝宝）<br>· 虾肉丸：洗净—取虾仁—加入蛋清打成虾肉泥—用勺子将虾肉泥舀入沸水形成虾肉丸，煮熟（适合大月龄宝宝） |

# 辅食的储存和再加热

6 ~ 12 月龄的宝宝胃口非常小，能吃的辅食量很有限。每餐都按照宝宝实际吃的量做显然不现实，吃不完的食物直接扔掉也会让你心疼不已。其实，通过合理地储存辅食原料和辅食成品，吃的时候再加热，就能解决这个问题。

## 冰箱储存食物的注意事项

我们通常会用冰箱储存食物，不过食物放入冰箱并不等于“万无一失”。冰箱不是保险箱，更不是消毒柜，使用冰箱也有很多注意事项。

在冰箱中储存食物一定要生、熟分开放，以免发生交叉污染；生肉要放入冷冻室储存，鸡蛋、蔬菜和水果要放入冷藏室储存；冷冻前可以根据宝宝每餐的食用量将食物分成小份，用保鲜袋包好再冷冻，以免反复解冻影响食物的口感，缩短食物的保质期。关于不同类食物在冰箱中的储存位置，大家可以参考图 3.1。

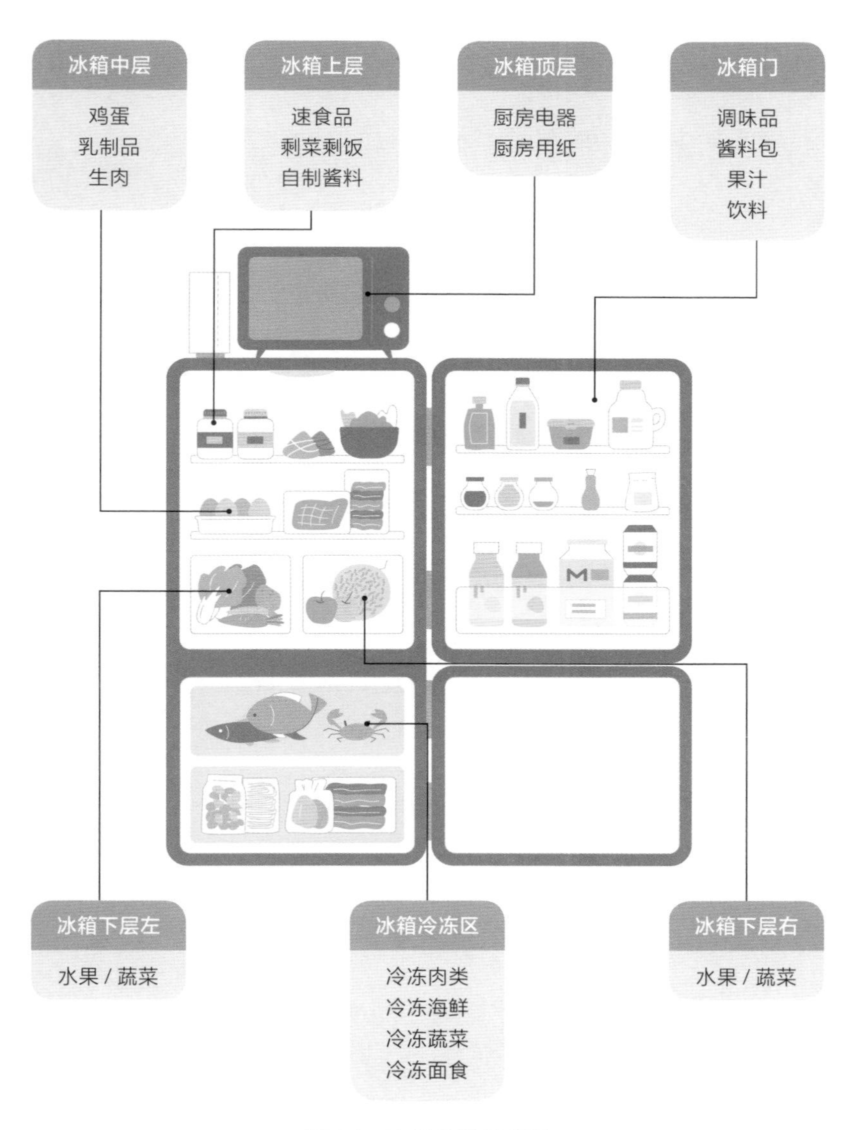
冰箱中层
鸡蛋
乳制品
生肉
冰箱上层
速食品
剩菜剩饭
自制酱料
冰箱顶层
厨房电器
厨房用纸
冰箱门
调味品
酱料包
果汁
饮料
M
冰箱下层左
水果 / 蔬菜
冰箱冷冻区
冷冻肉类
冷冻海鲜
冷冻蔬菜
冷冻面食
冰箱下层右
水果 / 蔬菜

图 3.1 冰箱使用指南图

## 常见辅食的储存和加热方法

关于不同类食物的储存方法，大家可以见表 3.3。

表 3.3 常见食物的储存方法

| 名称 | 储存方法 |
| --- | --- |
| 肉泥 | 将熟肉泥放入辅食分格盒中冷冻储存，可以储存 1 个月 |
| 肉丸、肉肠、肉糕 | 将肉丸、肉肠、肉糕蒸熟后分成小份，用保鲜袋装好，放入冷冻室中储存，可以储存 1 个月 |
| 生肉、生水产 | 将生肉和生水产分成小份，用保鲜袋装好，放入冷冻室中储存，可以储存 4 ~ 6 个月 |
| 饺子、馄饨等混合食物 | 将包好的食物分成小份，用保鲜袋装好，放入冷冻室中储存，可以储存 1 ~ 3 个月，但是建议在 1 ~ 2 周内吃完 |
| 发糕、馒头 | 将发糕、馒头蒸熟后分成小份，用保鲜袋装好，放入冷冻室中储存 |
| 面条 | 将生面条分成小份，用保鲜袋装好，放入冷冻室中储存，可以储存 1 个月 |
| 菌菇类和叶菜 | 冷藏储存，可储存 1 ~ 5 天 |
| 胡萝卜等根茎类蔬菜 | 冷藏储存，可储存 1 ~ 2 周 |
| 草莓、桃子等水果 | 冷藏储存，可储存 1 ~ 3 天 |
| 西瓜等瓜果类 | 冷藏储存，可储存 7 天 |
| 鸡蛋 | 冷藏储存，可储存 3 ~ 5 周 |
| 自制肉松、虾皮粉、紫菜粉、猪肝粉等 | 冷藏储存，1 周内吃完，吃之前检查一下有无变质 |

冷冻或冷藏的成品辅食取出来后要彻底蒸熟或煮熟，放凉后再给宝宝吃。不能仅凭食物的颜色和质地来判断食物是否被“热透”，一定要加热到中心温度超过 73.9℃，才能确保致病菌都被杀灭。如果食物中有汤汁、酱料等液体，还要煮至沸腾状态。如果家里没有食物温度计，至少要将食物加热到非常烫、无法直接吃的程度。

如果是冷冻的生肉或者生水产，最好的解冻方法是将冷冻食物提前一晚放入冷藏室中解冻。如果急着吃还可以用微波炉快速解冻，然后再烹调。

第四章

# 辅食添加初期，要注意循序渐进

# 6月龄 从富含铁的泥糊状食物开始

## 6 月龄宝宝的标准身长和体重

关于 6 月龄宝宝的标准身长和体重，大家可以参考表 4.1。如果出现了明显的偏差，家长可以带宝宝及时就医，请医生对宝宝进行检查和评估。

表 4.1 6 月龄宝宝的标准身长和体重

| 性别 | 身长（cm） | 体重（kg） |
|---|---|---|
| 女 | 61.5 ~ 70.0 | 5.8 ~ 9.2 |
| 男 | 63.6 ~ 71.6 | 6.4 ~ 9.7 |

## 6 月龄宝宝辅食喂养原则

### ◎ 适应新食物

在添加辅食初期，比起让宝宝吃饱，更重要的是让宝宝接触丰富的食物。研究发现，婴儿可能需要尝试 7 ~ 8 次后才能接受一种新食物，因此你需要给宝宝适应新食物的时间。在这个阶段，每次辅食添加都可以和喂奶相结合，让宝宝慢慢适应。

### ◎ 保证高铁辅食的摄入

4 ~ 6 月龄时，宝宝体内储备的铁逐渐减少。满 6 月龄后，宝宝需要尽快从辅食中获得铁，以免发生缺铁性贫血。强化铁米粉是最适合宝宝第一口吃的辅食。

### ◎ 观察过敏情况

刚开始给宝宝添加辅食时，要注意每次只加一种新食物，同时还要特别注意观察宝宝是否有食物过敏的表现，比如呕吐、腹泻、湿疹等。

## 适合 6 月龄宝宝的辅食性状和每日辅食总量参考

### ◎ 适合 6 月龄宝宝的辅食性状

细腻的泥糊状。

### ◎ 每日奶和辅食的摄入量参考

宝宝每天应该喝奶 4 ~ 6 次，吃辅食 1 ~ 2 次。关于奶和辅食的具体摄入量大家可以参考表 4.2。

表 4.2　6 月龄宝宝每日奶和辅食的具体摄入量

| 类别 | 食用量和适合的性状 |
|---|---|
| 奶类 | 600 ~ 800 mL |
| 谷薯杂豆类 | 5 ~ 20 g（1/2 ~ 2 勺冲调好的米糊或者蒸熟的薯泥等） |
| 畜禽肉类和水产类 | 10 ~ 25 g（1/2 ~ 1 勺肉泥） |
| 蛋类 | 蛋黄 1/4 ~ 1/2 个 |
| 蔬菜类 | 10 ~ 20 g（1/2 ~ 1 勺菜泥） |

续表

| 类别 | 食用量和适合的性状 |
| --- | --- |
| 水果类 | 10 ~ 20 g（1/2 ~ 1 勺果泥） |
| 食用油 | 不加 |
| 食盐 | 不加 |

注：这里的以“g”为单位的重量均为食物的生重，而不是做熟以后的重量。这里的“勺”指家里常用的白瓷勺，以“勺”为单位的量是辅食做熟之后的量。

## 6 月龄宝宝添加辅食的注意事项

### ◎ 辅食的添加没有先后顺序

添加辅食的先后顺序与宝宝是否发生过敏无关，建议最先添加富含铁且高能量的食物，如强化铁米粉、红肉泥等。在此基础上，逐渐加入其他不同类别的食物，保证宝宝营养均衡。

### ◎ 强化铁米粉的冲调性状要适宜

给宝宝吃的米糊稠度要适宜。可以用母乳、配方奶或水将强化铁米粉冲调至稍稀的泥糊状，即勺子舀起不会很快滴落的状态。

### ◎ 先喂奶再喂辅食

为了保证宝宝每天的喝奶量，可以先让宝宝喝奶，等宝宝半饱的时候再喂辅食，之后根据宝宝的饥饱状态决定是否继续喂奶。

### ◎ 让宝宝舔一舔食物，多尝试

一开始宝宝可能会将你喂给他的食物吐出来，不要着急，你可以试着舀起少量米糊放在宝宝一侧嘴角，让他舔一舔、尝一尝。千万不要强行将小勺塞进宝宝嘴里，这会让宝宝有窒息感，对吃辅食产生抵触心理。有时宝宝会将嘴里的食物吐出来，这不代表他不喜欢这种食物，很可能是因为宝宝还不习惯把舌头后移，不熟悉咀嚼和吞咽的动作，不习惯吃固体食物。

## 6月龄宝宝辅食餐单

6月龄宝宝的辅食安排示例如表4.3所示。很多家长可能会有疑问：为什么刚添加辅食没几天，一天就安排2次辅食了呢？这是因为添加辅食初期我们为了让宝宝尽快适应辅食，建议让宝宝少量多次尝试，会把正常1餐的量拆到2餐里吃。

表4.3　6月龄宝宝辅食安排示例表

| 天数 | 7:00 第1次奶 | 10:00 第2次奶 | 12:00 第1餐 | 15:00 第3次奶 | 18:00 第2餐 | 21:00 第4次奶 | 夜间 第5次奶 | 新加食物 |
|---|---|---|---|---|---|---|---|---|
| 第1天 | 母乳/配方奶 | 母乳/配方奶 | 强化铁米粉 | 母乳/配方奶 | 无 | 母乳/配方奶 | 母乳/配方奶 | 米粉 |
| 第2天 | 母乳/配方奶 | 母乳/配方奶 | 强化铁米粉 | 母乳/配方奶 | 无 | 母乳/配方奶 | 母乳/配方奶 | |
| 第3天 | 母乳/配方奶 | 母乳/配方奶 | 强化铁米粉 | 母乳/配方奶 | 无 | 母乳/配方奶 | 母乳/配方奶 | |
| 第4天 | 母乳/配方奶 | 母乳/配方奶 | 强化铁米粉+蛋黄泥（p62） | 母乳/配方奶 | 强化铁米粉 | 母乳/配方奶 | 母乳/配方奶 | 蛋黄 |
| 第5天 | 母乳/配方奶 | 母乳/配方奶 | 强化铁米粉+蛋黄泥（p62） | 母乳/配方奶 | 强化铁米粉 | 母乳/配方奶 | 母乳/配方奶 | |

续表

| 天　数 | 7:00<br>第 1 次奶 | 10:00<br>第 2 次奶 | 12:00<br>第 1 餐 | 15:00<br>第 3 次奶 | 18:00<br>第 2 餐 | 21:00<br>第 4 次奶 | 夜间<br>第 5 次奶 | 新加<br>食物 |
| --- | --- | --- | --- | --- | --- | --- | --- | --- |
| 第 6 天 | 母乳 / 配方奶 | 母乳 / 配方奶 | 强化铁米粉 + 蛋黄泥（p62） | 母乳 / 配方奶 | 强化铁米粉 | 母乳 / 配方奶 | 母乳 / 配方奶 | |
| 第 7 天 | 母乳 / 配方奶 | 母乳 / 配方奶 | 强化铁米粉 + 土豆泥（p63） | 母乳 / 配方奶 | 强化铁米粉 + 蛋黄泥（p62） | 母乳 / 配方奶 | 母乳 / 配方奶 | 土豆 |
| 第 8 天 | 母乳 / 配方奶 | 母乳 / 配方奶 | 强化铁米粉 + 土豆泥（p63） | 母乳 / 配方奶 | 强化铁米粉 + 蛋黄泥（p62） | 母乳 / 配方奶 | 母乳 / 配方奶 | |
| 第 9 天 | 母乳 / 配方奶 | 母乳 / 配方奶 | 强化铁米粉 + 土豆泥（p63） | 母乳 / 配方奶 | 强化铁米粉 + 蛋黄泥（p62） | 母乳 / 配方奶 | 母乳 / 配方奶 | |
| 第 10 天 | 母乳 / 配方奶 | 母乳 / 配方奶 | 强化铁米粉 + 猪肉土豆泥（p64） | 母乳 / 配方奶 | 强化铁米粉 | 母乳 / 配方奶 | 母乳 / 配方奶 | 猪肉 |
| 第 11 天 | 母乳 / 配方奶 | 母乳 / 配方奶 | 强化铁米粉 + 猪肉土豆泥（p64） | 母乳 / 配方奶 | 强化铁米粉 | 母乳 / 配方奶 | 母乳 / 配方奶 | |
| 第 12 天 | 母乳 / 配方奶 | 母乳 / 配方奶 | 强化铁米粉 + 猪肉土豆泥（p64） | 母乳 / 配方奶 | 强化铁米粉 | 母乳 / 配方奶 | 母乳 / 配方奶 | |
| 第 13 天 | 母乳 / 配方奶 | 母乳 / 配方奶 | 强化铁米粉 + 南瓜泥（p65） | 母乳 / 配方奶 | 强化铁米粉 + 蛋黄泥（p62） | 母乳 / 配方奶 | 母乳 / 配方奶 | 南瓜 |
| 第 14 天 | 母乳 / 配方奶 | 母乳 / 配方奶 | 强化铁米粉 + 南瓜泥（p65） | 母乳 / 配方奶 | 强化铁米粉 + 蛋黄泥（p62） | 母乳 / 配方奶 | 母乳 / 配方奶 | |

续表

| 天　数 | 7:00<br>第 1 次奶 | 10:00<br>第 2 次奶 | 12:00<br>第 1 餐 | 15:00<br>第 3 次奶 | 18:00<br>第 2 餐 | 21:00<br>第 4 次奶 | 夜间<br>第 5 次奶 | 新加食物 |
|---|---|---|---|---|---|---|---|---|
| 第 15 天 | 母乳 / 配方奶 | 母乳 / 配方奶 | 强化铁米粉 + 南瓜泥（p65） | 母乳 / 配方奶 | 强化铁米粉 + 蛋黄泥（p62） | 母乳 / 配方奶 | 母乳 / 配方奶 | |
| 第 16 天 | 母乳 / 配方奶 | 母乳 / 配方奶 | 强化铁米粉 + 胡萝卜泥（p65） | 母乳 / 配方奶 | 强化铁米粉 + 猪肉土豆泥（p64） | 母乳 / 配方奶 | 母乳 / 配方奶 | 胡萝卜 |
| 第 17 天 | 母乳 / 配方奶 | 母乳 / 配方奶 | 强化铁米粉 + 胡萝卜泥（p65） | 母乳 / 配方奶 | 强化铁米粉 + 猪肉土豆泥（p64） | 母乳 / 配方奶 | 母乳 / 配方奶 | |
| 第 18 天 | 母乳 / 配方奶 | 母乳 / 配方奶 | 强化铁米粉 + 胡萝卜泥（p65） | 母乳 / 配方奶 | 强化铁米粉 + 猪肉土豆泥（p64） | 母乳 / 配方奶 | 母乳 / 配方奶 | |
| 第 19 天 | 母乳 / 配方奶 | 母乳 / 配方奶 | 强化铁米粉 + 西蓝花泥 | 母乳 / 配方奶 | 强化铁米粉 + 猪肉胡萝卜泥 | 母乳 / 配方奶 | 母乳 / 配方奶 | 西蓝花 |
| 第 20 天 | 母乳 / 配方奶 | 母乳 / 配方奶 | 强化铁米粉 + 西蓝花泥 | 母乳 / 配方奶 | 强化铁米粉 + 猪肉胡萝卜泥 | 母乳 / 配方奶 | 母乳 / 配方奶 | |
| 第 21 天 | 母乳 / 配方奶 | 母乳 / 配方奶 | 强化铁米粉 + 西蓝花泥 | 母乳 / 配方奶 | 强化铁米粉 + 猪肉胡萝卜泥 | 母乳 / 配方奶 | 母乳 / 配方奶 | |
| 第 22 天 | 母乳 / 配方奶 | 母乳 / 配方奶 | 强化铁米粉 + 猪肉山药泥 | 母乳 / 配方奶 | 强化铁米粉 + 西蓝花蛋黄泥（p66） | 母乳 / 配方奶 | 母乳 / 配方奶 | 山药 |

续表

| 天数 | 7:00 第1次奶 | 10:00 第2次奶 | 12:00 第1餐 | 15:00 第3次奶 | 18:00 第2餐 | 21:00 第4次奶 | 夜间 第5次奶 | 新加食物 |
|---|---|---|---|---|---|---|---|---|
| 第23天 | 母乳/配方奶 | 母乳/配方奶 | 强化铁米粉+猪肉山药泥 | 母乳/配方奶 | 强化铁米粉+土豆蛋黄泥 | 母乳/配方奶 | 母乳/配方奶 | |
| 第24天 | 母乳/配方奶 | 母乳/配方奶 | 强化铁米粉+猪肉山药泥 | 母乳/配方奶 | 强化铁米粉+土豆蛋黄泥 | 母乳/配方奶 | 母乳/配方奶 | |
| 第25天 | 母乳/配方奶 | 母乳/配方奶 | 强化铁米粉+猪肝泥（p67） | 母乳/配方奶 | 强化铁米粉+西蓝花土豆泥 | 母乳/配方奶 | 母乳/配方奶 | 猪肝 |
| 第26天 | 母乳/配方奶 | 母乳/配方奶 | 强化铁米粉+猪肝泥（p67） | 母乳/配方奶 | 强化铁米粉+西蓝花土豆泥 | 母乳/配方奶 | 母乳/配方奶 | |
| 第27天 | 母乳/配方奶 | 母乳/配方奶 | 强化铁米粉+猪肝泥（p67） | 母乳/配方奶 | 强化铁米粉+西蓝花蛋黄泥（p66） | 母乳/配方奶 | 母乳/配方奶 | |
| 第28天 | 母乳/配方奶 | 母乳/配方奶 | 强化铁米粉+山药羊肉泥（p68） | 母乳/配方奶 | 强化铁米粉+南瓜蛋黄泥 | 母乳/配方奶 | 母乳/配方奶 | 羊肉 |
| 第29天 | 母乳/配方奶 | 母乳/配方奶 | 强化铁米粉+山药羊肉泥（p68） | 母乳/配方奶 | 强化铁米粉+西蓝花蛋黄泥（p66） | 母乳/配方奶 | 母乳/配方奶 | |
| 第30天 | 母乳/配方奶 | 母乳/配方奶 | 强化铁米粉+山药羊肉泥（p68） | 母乳/配方奶 | 强化铁米粉+胡萝卜蛋黄泥（p68） | 母乳/配方奶 | 母乳/配方奶 | |

# 6 月龄宝宝经典辅食的制作方法

## 蛋黄泥 预计制作时间 15 min

### 原料

鸡蛋 1 个、奶或水 1/2 勺。

### 制作方法

❶ 取一个鸡蛋冲洗干净，放入装有冷水的锅中，水开后煮 10 min。

❷ 将鸡蛋放入冷水中浸泡一会儿，剥壳后取 1/2 的蛋黄。

❸ 将蛋黄用研磨碗碾成泥，加入奶（母乳或配方奶）或水混合均匀即可。

## 土豆泥 预计制作时间 25 min

### 原料

土豆 50 g、奶或水 1/2 勺。

### 制作方法

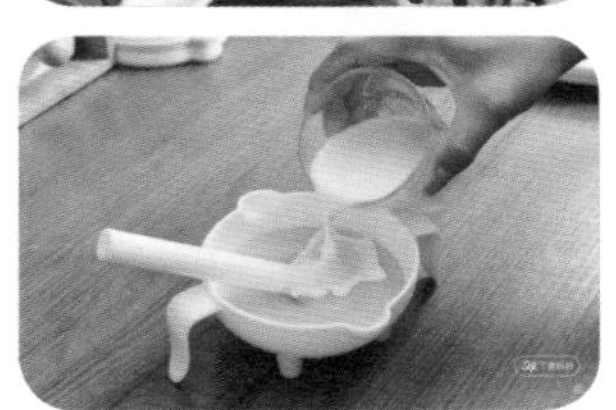

❶ 将土豆洗净后去皮切片，放入蒸锅，上汽后蒸 15 min。

❷ 将蒸好的土豆片放入研磨碗中碾成泥，加入奶（母乳或配方奶）或水混合均匀即可。

## 猪肉土豆泥

预计制作时间 25 min

### 原料

猪腿肉或猪里脊 25 g、土豆 20 g、水适量。

### 制作方法

1. 将猪肉用流水冲洗干净，然后切片。土豆去皮后切块备用。
2. 将猪肉片和土豆块同时放入蒸锅中，上汽后蒸 15 min。
3. 把蒸好的猪肉片和土豆块取出放入料理杯中，加入适量的水用料理棒打成泥。
4. 取出一次的食用量，将剩余的猪肉土豆泥按照每次的食用量分装入有盖子的辅食分隔盒，尽快放入冷冻室保存。

扫一扫 看视频

## 南瓜泥 预计制作时间 15 min

### 原料

南瓜 50 g。

### 制作方法

1. 将南瓜去皮去籽后切片。煮锅中加水和切好的南瓜片，水开后煮 10 min。
2. 将南瓜片捞出放入料理机，搅打成南瓜泥即可。

## 胡萝卜泥 预计制作时间 15 min

### 原料

胡萝卜 50 g、水适量。

### 制作方法

1. 将胡萝卜洗净后去皮切片，煮锅中加水和胡萝卜片，水开后煮 10 min。
2. 将胡萝卜片捞出放入料理机，加入适量水，搅打成胡萝卜泥即可。

## 西蓝花蛋黄泥

预计制作时间 20 min

### 原料

西蓝花 50 g、鸡蛋 1 个、水适量。

### 制作方法

1. 将西蓝花在流水下冲洗片刻后，摘下 5 小朵在清水中浸泡 10 min。
2. 浸泡西蓝花的同时将鸡蛋煮熟后取出蛋黄，将蛋黄用研磨碗碾成泥。
3. 将浸泡后的西蓝花小朵煮熟，捞出后用料理棒搅打成泥。
4. 将蛋黄泥和西蓝花泥搅拌成混合泥。

注：制作视频可参考第 68 页“胡萝卜蛋黄泥”。

## 猪肝泥 预计制作时间 30 min

### 原料

猪肝 25 g、姜 2 片、水适量。

### 制作方法

❶ 用流水将猪肝表面冲洗干净，将猪肝切片，放入清水中浸泡 15 min。

❷ 将浸泡过的猪肝片捞出，用流水冲洗干净表面的黏液。

❸ 将猪肝片和姜片放入蒸锅中，上汽后蒸 10 min，确保猪肝片彻底熟透。

❹ 将猪肝片和适量水混合，用料理棒搅打成猪肝泥。

❺ 取出一次的食用量，将剩余的猪肝泥按照每次的食用量，分装在有盖子的辅食分隔盒里，尽快放入冷冻室保存。

## 山药羊肉泥

预计制作时间 20 min

### 原料

羊腿肉 25 g、姜 2 片、山药 50 g、水适量。

### 制作方法

1. 将羊腿肉切小块。冷水中放入羊肉块和姜片，煮沸后再煮 5 min。
2. 将山药去皮切块，放入蒸锅中，上汽后蒸 5 min。
3. 将煮好的羊肉块和蒸好的山药块放入料理机，加入适量水搅打成泥糊状即可。

注：制作视频可参考第 64 页“猪肉土豆泥”。

## 胡萝卜蛋黄泥

预计制作时间 20 min

### 原料

胡萝卜 50 g、鸡蛋 1 个、水适量。

### 制作方法

1. 将胡萝卜洗净后去皮切片，鸡蛋洗净。
2. 冷水中放入鸡蛋和胡萝卜片，煮沸后再煮 5 min 将胡萝卜片捞出，继续煮 5 min 后将鸡蛋捞出并放入冷水中浸泡，取出蛋黄。
3. 将胡萝卜片放入料理机中，加入适量水搅打成胡萝卜泥。将煮熟的蛋黄碾碎，和胡萝卜泥混合均匀即可。

## 妈咪问，丁妈答

**Q：“每次只加一种新食物”是什么意思呢？可以把不同食物混在一起给宝宝吃吗？**

A：“每次只加一种新食物”是指给宝宝添加辅食时，每次只添加一种新食物，连续添加 2 ~ 3 天，观察宝宝能否适应这种新食物。如果宝宝适应良好且不过敏，可以继续给宝宝添加另一种新食物。对于之前已经添加过的食物，可以与新食物组合在一起给宝宝吃。比如，宝宝之前吃过米粉且能够适应，我们之后准备给宝宝添加蛋黄和猪肉，那么我们就可以先给宝宝吃 2 天米粉蛋黄泥，再给宝宝吃 2 天米粉猪肉泥。如果宝宝都能适应，那么第 5 天我们就可以给宝宝添加米粉蛋黄猪肉泥了。只要是之前加过的食物，在这期间都可以随意添加。

**Q：我一直在用母乳喂养宝宝，现在宝宝快满 6 个月了，我发现自己的母乳量变少了，想给宝宝加一些配方奶，但是宝宝不愿意喝。宝宝每天一定要喝够 600 mL 的奶吗？达不到这个量怎么办？**

A：对于宝宝来说，母乳和配方奶的味道是有差别的，宝宝不接受配方奶也情有可原。当出现这种情况时，如果妈妈还有母乳，建议妈妈一开始把母乳跟配方奶混合在一起给宝宝喝，进行转奶。如果一开始宝宝对味道比较敏感，可以先用大量母乳加少量配方奶进行混合喂养，等宝宝适应了再逐渐降低母乳在混合奶液中的比例，直到用大量配方奶加少量母乳的方式进行混合喂养。等宝宝完全接受配方奶的味道之后，就不用再担心喝奶量不够的问题了。

此外，还可以用配方奶和母乳做辅食，比如用奶冲调米粉，将奶和南瓜、土豆、胡萝卜等食物混合，搅打成泥，这样也能让宝宝吃进去一部分奶。妈妈也可以试着用奶瓶以外的容器来给宝宝喂奶，比如鸭嘴杯、吸管杯，给宝宝一些新鲜感，这可能会让他比以前更爱喝奶。

大家一定要牢记：在宝宝 1 岁前，母乳或者配方奶才是宝宝所需能量和营养的主要食物来源，而不是辅食。

Q：**宝宝还没长牙，能给他吃辅食吗？**

A：可以的！宝宝没长牙并不意味着他只能吃泥糊状食物。宝宝的牙齿一直藏在牙龈下面，即使没有萌出，牙床也具有一定的咀嚼能力。家长可以根据宝宝咀嚼和吞咽能力的发育情况给宝宝添加不同性状的食物。

Q：**宝宝吃辅食的时候老是干呕，该怎么办呢？**

A：干呕其实是一种呕吐反射，对宝宝有保护的作用，家长不必担心。因为宝宝舌头末端的感觉神经非常敏感，食物不需要进入口腔很深就能引发呕吐。在宝宝能够熟练吃饭之前，呕吐反射可以帮助宝宝把咽不下去的食物吐出来。等他掌握了咀嚼和吞咽的能力后，这种现象就会慢慢减少。

Q：**宝宝还不会说话，怎么判断宝宝是饿还是饱呢？**

A：当宝宝饿的时候，他会对食物非常感兴趣，具体表现有两眼放光、将头凑近食物和勺子、身体俯向食物，等等。如果太饿的话，宝宝就会吵闹、啼哭。当宝宝吃饱了，他会有不再专心进食、吃得越来越慢、扭头避开勺子、嘴唇紧闭、吐出食物、推开勺子和食物等表现。

# 7月龄 可以吃带小颗粒的泥糊啦

## 7 月龄宝宝的标准身长和体重

关于 7 月龄宝宝的标准身长和体重，大家可以参考表 4.4。如果出现了明显的偏差，家长可以带宝宝及时就医，请医生对宝宝进行检查和评估。

表 4.4 7 月龄宝宝的标准身长和体重

| 性别 | 身长（cm） | 体重（kg） |
| --- | --- | --- |
| 女 | 62.9 ~ 71.6 | 6.1 ~ 9.6 |
| 男 | 65.1 ~ 73.2 | 6.7 ~ 10.2 |

## 7 月龄宝宝辅食喂养原则

### ◎ 增加进食量

到了 7 月龄，大部分宝宝已经可以适应辅食了，每天辅食的摄入量也在逐渐增加，可以从 6 月龄喂奶加辅食的模式，逐渐过渡到让辅食成为单独的一餐。

### ◎ 丰富食物种类

鼓励宝宝尝试各种不同口味和质地的肉、菜、水果等食物。

### ◎ 蛋黄适应良好的宝宝可以尝试蛋白

添加辅食后，宝宝应该逐渐达到每天吃 1 个蛋黄的目标。当宝宝适应了蛋黄后就可以尝试给宝宝吃蛋白了，不用等到 8 月龄甚至 1 岁后。宝宝只要没有不适，就可以吃全蛋。

## 适合 7 月龄宝宝的辅食性状和每日辅食总量参考

### ◎ 7 月龄宝宝辅食性状

稍稠厚带有小颗粒的泥糊状、碎末状。

### ◎ 每日奶和辅食的摄入量参考

宝宝每天应该喝奶 4 ~ 6 次，吃辅食 2 ~ 3 次。关于奶和辅食的具体摄入量大家可以参考表 4.5。

表 4.5　7 月龄宝宝每日奶和辅食的具体摄入量

| 类别 | 食用量和适合的性状 |
| --- | --- |
| 奶类 | 600 ~ 800 mL |
| 谷薯杂豆类 | 20 ~ 30 g（2 ~ 3 勺米糊、稠粥、烂面、带小颗粒的薯泥等） |
| 畜禽肉类和水产类 | 25 ~ 30 g（2.5 ~ 3 勺带肉末的肉泥） |
| 蛋类 | 蛋黄 1/2 ~ 1 个，可以少量尝试蛋白 |
| 蔬菜类 | 20 ~ 30 g（2 ~ 3 勺带碎末的菜泥） |
| 水果类 | 20 ~ 30 g（2 ~ 3 勺带小颗粒的果泥） |

续表

| 类别 | 食用量和适合的性状 |
| --- | --- |
| 食用油 | 不加 |
| 食盐 | 不加 |

注：这里的以“g”为单位的重量均为食物的生重，而不是做熟以后的重量。这里的“勺”指家里常用的白瓷勺，以“勺”为单位的量是辅食做熟之后的量。

## 7月龄宝宝添加辅食的注意事项

### ◎ 适应后，可以混合多种食物喂养

等宝宝适应多种食物后，就可以给宝宝吃用多种食物制作成的辅食了，比如给宝宝吃肉泥蒸蛋羹、土豆鸡蛋末等。当然，也可以让宝宝尝试由单一食物制作成的辅食，让他感受食物原本的味道和口感。

### ◎ 过敏的判断

当宝宝偶尔出现呕吐、腹泻、湿疹等表现，且不能确定是否与新加入的食物相关时，建议先停喂这种食物一段时间，等不适的表现消失后再让宝宝少量尝试，观察宝宝的反应。如果仍有相同的表现，应该及时就医检查，排查过敏原。

### ◎ 适量喝水

添加辅食前，宝宝可以从母乳或者配方奶中获得足够的水分，不需要额外喝水。添加辅食后宝宝可以喝少量水来润喉和清洁口腔。补水的总原则是宝宝的尿液颜色不黄，喝水量不影响宝宝的喝奶量。

## 7 月龄宝宝辅食餐单

7 月龄宝宝的辅食安排示例如表 4.6 所示。

表 4.6 7 月龄宝宝辅食安排示例表

| 天 数 | 7:00 第 1 次奶 | 10:00 第 2 次奶 | 12:00 第 1 餐 | 15:00 加餐 + 第 3 次奶 | 18:00 第 2 餐 | 21:00 第 4 次奶 | 夜间 第 5 次奶 | 新加食物 |
|---|---|---|---|---|---|---|---|---|
| 第 1 天 | 母乳 / 配方奶 | 母乳 / 配方奶 | 强化铁米粉 + 南瓜鸡蛋末（p82） | 土豆泥（p63）+ 母乳 / 配方奶 | 强化铁米粉 + 猪肉胡萝卜泥 | 母乳 / 配方奶 | 母乳 / 配方奶 | 全蛋 |
| 第 2 天 | 母乳 / 配方奶 | 母乳 / 配方奶 | 强化铁米粉 + 南瓜鸡蛋末（p82） | 土豆泥（p63）+ 母乳 / 配方奶 | 强化铁米粉 + 猪肝泥（p67） | 母乳 / 配方奶 | 母乳 / 配方奶 | |
| 第 3 天 | 母乳 / 配方奶 | 母乳 / 配方奶 | 强化铁米粉 + 南瓜鸡蛋末（p82） | 土豆泥（p63）+ 母乳 / 配方奶 | 强化铁米粉 + 猪肉南瓜泥（p78） | 母乳 / 配方奶 | 母乳 / 配方奶 | |
| 第 4 天 | 母乳 / 配方奶 | 母乳 / 配方奶 | 强化铁米粉 + 猪肉土豆南瓜泥（p78） | 苹果泥 + 母乳 / 配方奶 | 强化铁米粉 + 土豆鸡蛋末（p82） | 母乳 / 配方奶 | 母乳 / 配方奶 | 苹果 |
| 第 5 天 | 母乳 / 配方奶 | 母乳 / 配方奶 | 强化铁米粉 + 猪肉南瓜泥（p78） | 苹果泥 + 母乳 / 配方奶 | 强化铁米粉 + 土豆鸡蛋末（p82） | 母乳 / 配方奶 | 母乳 / 配方奶 | |
| 第 6 天 | 母乳 / 配方奶 | 母乳 / 配方奶 | 强化铁米粉 + 猪肉土豆南瓜泥（p78） | 苹果泥 + 母乳 / 配方奶 | 强化铁米粉 + 土豆鸡蛋末（p82） | 母乳 / 配方奶 | 母乳 / 配方奶 | |
| 第 7 天 | 母乳 / 配方奶 | 母乳 / 配方奶 | 强化铁米粉 + 鸡肝泥 | 土豆泥（p63）+ 母乳 / 配方奶 | 强化铁米粉 + 胡萝卜南瓜鸡蛋末（p83） | 母乳 / 配方奶 | 母乳 / 配方奶 | 鸡肝 |

续表

| 天数 | 7:00 第1次奶 | 10:00 第2次奶 | 12:00 第1餐 | 15:00 加餐+第3次奶 | 18:00 第2餐 | 21:00 第4次奶 | 夜间 第5次奶 | 新加食物 |
| --- | --- | --- | --- | --- | --- | --- | --- | --- |
| 第8天 | 母乳/配方奶 | 母乳/配方奶 | 强化铁米粉+鸡肝泥 | 土豆泥（p63）+母乳/配方奶 | 强化铁米粉+山药猪肉鸡蛋末（p83） | 母乳/配方奶 | 母乳/配方奶 | |
| 第9天 | 母乳/配方奶 | 母乳/配方奶 | 强化铁米粉+三文鱼南瓜泥（p79） | 苹果泥+母乳/配方奶 | 强化铁米粉+猪肉土豆蛋黄泥（p79） | 母乳/配方奶 | 母乳/配方奶 | 三文鱼 |
| 第10天 | 母乳/配方奶 | 母乳/配方奶 | 强化铁米粉+三文鱼南瓜泥（p79）+蒸蛋羹 | 苹果泥+母乳/配方奶 | 强化铁米粉+猪肝泥（p67） | 母乳/配方奶 | 母乳/配方奶 | |
| 第11天 | 母乳/配方奶 | 母乳/配方奶 | 强化铁米粉+油菜蒸蛋羹（p85） | 苹果泥+母乳/配方奶 | 强化铁米粉+三文鱼南瓜泥（p79） | 母乳/配方奶 | 母乳/配方奶 | 油菜 |
| 第12天 | 母乳/配方奶 | 母乳/配方奶 | 强化铁米粉+油菜蒸蛋羹（p85） | 南瓜苹果泥（p80）+母乳/配方奶 | 强化铁米粉+猪肉胡萝卜泥 | 母乳/配方奶 | 母乳/配方奶 | |
| 第13天 | 母乳/配方奶 | 母乳/配方奶 | 强化铁米粉+油菜猪肉土豆泥（p80） | 南瓜苹果泥（p80）+母乳/配方奶 | 强化铁米粉+鸡肝泥+蒸蛋羹 | 母乳/配方奶 | 母乳/配方奶 | |
| 第14天 | 母乳/配方奶 | 母乳/配方奶 | 强化铁米粉+油菜猪肉土豆泥（p80） | 香蕉泥+母乳/配方奶 | 强化铁米粉+三文鱼南瓜泥（p79）+蒸蛋羹 | 母乳/配方奶 | 母乳/配方奶 | 香蕉 |

续表

| 天数 | 7:00<br>第1次奶 | 10:00<br>第2次奶 | 12:00<br>第1餐 | 15:00<br>加餐+<br>第3次奶 | 18:00<br>第2餐 | 21:00<br>第4次奶 | 夜间<br>第5次奶 | 新加食物 |
|---|---|---|---|---|---|---|---|---|
| 第15天 | 母乳/配方奶 | 母乳/配方奶 | 强化铁米粉+油菜猪肉土豆泥（p80） | 香蕉泥+母乳/配方奶 | 强化铁米粉+猪肝泥（p67）+蒸蛋羹 | 母乳/配方奶 | 母乳/配方奶 | |
| 第16天 | 母乳/配方奶 | 母乳/配方奶 | 强化铁米粉+土豆鸡肉泥（p81） | 苹果泥+母乳/配方奶 | 强化铁米粉+胡萝卜鸡蛋末 | 母乳/配方奶 | 母乳/配方奶 | 鸡肉 |
| 第17天 | 母乳/配方奶 | 母乳/配方奶 | 强化铁米粉+土豆鸡肉泥（p81） | 香蕉泥+母乳/配方奶 | 强化铁米粉+猪肝泥（p67）+蒸蛋羹 | 母乳/配方奶 | 母乳/配方奶 | |
| 第18天 | 母乳/配方奶 | 母乳/配方奶 | 强化铁米粉+西蓝花牛肉泥（p81） | 苹果香蕉泥+母乳/配方奶 | 强化铁米粉+油菜末猪肝泥+蒸蛋羹 | 母乳/配方奶 | 母乳/配方奶 | 牛肉 |
| 第19天 | 母乳/配方奶 | 母乳/配方奶 | 油菜胡萝卜牛肉粥（p84） | 蒸蛋羹+母乳/配方奶 | 强化铁米粉+西蓝花鸡肝泥 | 母乳/配方奶 | 母乳/配方奶 | |
| 第20天 | 母乳/配方奶 | 母乳/配方奶 | 油菜胡萝卜牛肉粥（p84） | 蒸蛋羹+母乳/配方奶 | 强化铁米粉+猪肉山药泥 | 母乳/配方奶 | 母乳/配方奶 | |
| 第21天 | 母乳/配方奶 | 母乳/配方奶 | 番茄猪肝粒粒面（p87） | 南瓜苹果泥（p80）+母乳/配方奶 | 强化铁米粉+西蓝花蒸蛋羹 | 母乳/配方奶 | 母乳/配方奶 | 番茄 |
| 第22天 | 母乳/配方奶 | 母乳/配方奶 | 番茄猪肝粒粒面（p87） | 蛋黄泥（p62）+母乳/配方奶 | 强化铁米粉+西蓝花三文鱼末（p84） | 母乳/配方奶 | 母乳/配方奶 | |

续表

| 天数 | 7:00 第1次奶 | 10:00 第2次奶 | 12:00 第1餐 | 15:00 加餐+第3次奶 | 18:00 第2餐 | 21:00 第4次奶 | 夜间 第5次奶 | 新加食物 |
| --- | --- | --- | --- | --- | --- | --- | --- | --- |
| 第23天 | 母乳/配方奶 | 母乳/配方奶 | 番茄牛肉香菇碎面（p88） | 南瓜苹果泥（p80）+母乳/配方奶 | 强化铁米粉+油菜蒸蛋羹（p85） | 母乳/配方奶 | 母乳/配方奶 | 香菇 |
| 第24天 | 母乳/配方奶 | 母乳/配方奶 | 强化铁米粉+油菜蒸蛋羹（p85） | 苹果泥+母乳/配方奶 | 番茄牛肉香菇碎面（p88） | 母乳/配方奶 | 母乳/配方奶 | |
| 第25天 | 母乳/配方奶 | 母乳/配方奶 | 番茄牛肉香菇碎面（p88） | 无糖米饼+母乳/配方奶 | 强化铁米粉+西蓝花胡萝卜蒸蛋羹 | 母乳/配方奶 | 母乳/配方奶 | |
| 第26天 | 母乳/配方奶 | 母乳/配方奶 | 香菇油菜牛肉粥 | 西梅泥+母乳/配方奶 | 强化铁米粉+土豆西蓝花鸡蛋末 | 母乳/配方奶 | 母乳/配方奶 | 西梅 |
| 第27天 | 母乳/配方奶 | 母乳/配方奶 | 香菇油菜牛肉粥 | 西梅泥+母乳/配方奶 | 强化铁米粉+西蓝花胡萝卜蒸蛋羹 | 母乳/配方奶 | 母乳/配方奶 | |
| 第28天 | 母乳/配方奶 | 母乳/配方奶 | 番茄猪肉粒粒面 | 草莓泥+母乳/配方奶 | 强化铁米粉+土豆西蓝花鸡蛋末 | 母乳/配方奶 | 母乳/配方奶 | 草莓 |
| 第29天 | 母乳/配方奶 | 母乳/配方奶 | 强化铁米粉+猪肉糜蒸蛋羹 | 草莓泥+母乳/配方奶 | 香菇油菜猪肝粥 | 母乳/配方奶 | 母乳/配方奶 | |
| 第30天 | 母乳/配方奶 | 母乳/配方奶 | 强化铁米粉+西蓝花鸡蛋末 | 草莓泥+母乳/配方奶 | 牛肉番茄油菜粥 | 母乳/配方奶 | 母乳/配方奶 | |

# 7 月龄宝宝经典辅食的制作方法

## 猪肉南瓜泥

预计制作时间 15 min

### 原料

猪里脊 25 g、南瓜 50 g、水适量。

### 制作方法

1. 用流水将猪肉冲洗干净，切片备用。
2. 将南瓜去皮后冲洗干净，切成小块备用。
3. 将猪肉片和南瓜块一起放入蒸锅中，上汽后蒸 10 min。
4. 将两种食物放入料理机中搅打成泥，或者用料理棒搅打成泥。如果有需要可以加适量水。

注：制作视频可参考第 78 页“猪肉土豆南瓜泥”。

## 猪肉土豆南瓜泥

预计制作时间 15 min

### 原料

猪里脊 25 g、土豆 20 g、南瓜 20 g、水适量。

### 制作方法

1. 用流水将猪肉冲洗干净，切片备用。
2. 将南瓜去皮去籽后切成小块，土豆洗净去皮后切成小块。
3. 将三种食物同时放入蒸锅中，上汽后蒸 15 min。
4. 将蒸好的三种食物放入料理杯，加适量水，用料理棒打成泥。

## 三文鱼南瓜泥

预计制作时间 15 min

### 原料

三文鱼 25g、南瓜 50g、姜 2 片。

### 制作方法

1. 将南瓜去皮去籽，与三文鱼和姜片一起放入蒸锅，水开后中火加热 10min。
2. 将三文鱼和南瓜一起放入研磨碗碾碎。

## 猪肉土豆蛋黄泥

预计制作时间 15 min

### 原料

土豆 50 g、猪肉糜 25 g、白煮蛋 1 个、水适量。

### 制作方法

1. 将土豆去皮切片，和猪肉糜一起放入蒸锅内，上汽后蒸 10min。
2. 取白煮蛋的蛋黄 1 个，和蒸熟的土豆片、猪肉糜、适量水一起放入研磨碗中，碾成泥即可。

## 南瓜苹果泥

预计制作时间 15 min

### 原料

南瓜 50 g、苹果 50 g。

### 制作方法

1. 将南瓜去皮去籽后切片，煮锅中加入水和南瓜片，水开后煮 10 min。
2. 将苹果去皮切块。将煮好的南瓜片捞出，和苹果块一起放入料理机中搅打成泥。

## 油菜猪肉土豆泥

预计制作时间 20 min

### 原料

土豆 50 g、猪肉糜 25 g、油菜 25 g、水适量。

### 制作方法

1. 将土豆去皮切片，和猪肉糜一起放入蒸锅中，上汽后蒸 15 min。
2. 将油菜洗净后焯水断生。
3. 将三种食物放入料理机中，加适量水打成泥，也可以用料理棒搅打成泥。

## 土豆鸡肉泥 预计制作时间 20 min

### 原料

土豆 50 g、鸡腿肉 25 g、水适量。

### 制作方法

1. 将土豆去皮切片，鸡腿肉切小块。
2. 将土豆片和鸡腿肉一起放入蒸锅中，上汽后蒸 15 min。
3. 将蒸好的食物放入料理机中，搅打成泥。

注：制作视频可参考第 64 页“猪肉土豆泥”。

## 西蓝花牛肉泥 预计制作时间 30 min

### 原料

西蓝花 50 g、牛腿肉 25 g。

### 制作方法

1. 将西蓝花用流水冲洗干净，掰成小朵放入清水中，浸泡 15 min。
2. 将牛腿肉切小块后冷水下锅，煮熟备用，大约需要煮 15 min。
3. 将西蓝花小朵焯水断生。
4. 将西蓝花和牛肉块一起放入料理机中，搅打成泥。

注：制作视频可参考第 80 页“油菜猪肉土豆泥”。

## 南瓜鸡蛋末

预计制作时间 15 min

### 原料

南瓜 50 g、鸡蛋 1 个。

### 制作方法

1. 将南瓜去皮去籽后切片。
2. 冷水中下入鸡蛋和南瓜片，水开后煮 10 min。
3. 将鸡蛋放入冷水中浸泡一会儿，剥壳后切成碎末。
4. 将南瓜片碾成泥，将鸡蛋碎末和南瓜泥搅拌均匀。

注：制作视频可参考第 82 页“土豆鸡蛋末”。

## 土豆鸡蛋末

预计制作时间 20 min

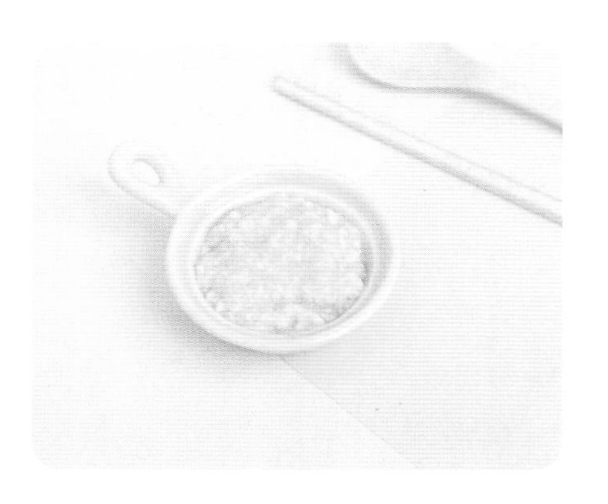

### 原料

土豆 50 g、鸡蛋 1 个、水适量。

### 制作方法

1. 将土豆去皮切片，冷水下锅，水开后煮 15 min 捞出，放入料理机中搅打成泥。
2. 冷水中下入鸡蛋，小火煮沸后，再继续煮 10 min。
3. 取出鸡蛋，放入冷水中浸泡一会儿，剥壳后切成碎末。
4. 将鸡蛋碎末和土豆泥搅拌均匀即可。

## 胡萝卜南瓜鸡蛋末

预计制作时间 20 min

### 原料

胡萝卜 25 g、南瓜 25 g、白煮蛋 1/2 个。

### 制作方法

1. 将胡萝卜和南瓜去皮切片，一起放入蒸锅中，上汽后蒸 15 min。
2. 取半个煮熟的白煮蛋，切成碎末。
3. 将蒸至软烂的胡萝卜片和南瓜片用研磨碗碾成泥，和鸡蛋碎末混合，搅拌均匀。

注：制作视频可参考第 82 页“土豆鸡蛋末”。

## 山药猪肉鸡蛋末

预计制作时间 15 min

### 原料

山药 50 g、猪肉糜 25 g、白煮蛋 1/2 个。

### 制作方法

1. 将山药去皮切片，和猪肉糜一起放入蒸锅，上汽后蒸 10 min。
2. 取半个煮熟的白煮蛋，切成碎末。
3. 将蒸好的山药片和猪肉糜用研磨碗碾碎，和鸡蛋碎末混合，搅拌均匀即可。

注：制作视频可参考第 82 页“土豆鸡蛋末”。

## 西蓝花三文鱼末

预计制作时间 30 min

### 原料

西蓝花 50 g、三文鱼 25 g。

### 制作方法

1. 将西蓝花用流水冲洗，摘下 5 小朵在清水中浸泡 10 min，然后煮熟。
2. 将三文鱼直接放入蒸锅，上汽后蒸 10 min。
3. 将煮熟的西蓝花小朵用料理棒搅成泥，蒸熟的三文鱼用研磨碗碾成碎末，将二者混合均匀。

## 油菜胡萝卜牛肉粥

预计制作时间 40 min

### 原料

大米 25 g、胡萝卜 30 g、油菜 50 g、牛肉糜 25 g。

### 制作方法

1. 提前将大米和水按 1 ： 7 的比例煮成粥。
2. 将胡萝卜洗净去皮后切成碎末。将油菜洗净，焯水断生后捞出，切碎备用。
3. 将胡萝卜末、油菜碎和牛肉糜放入粥里，加少量水搅拌均匀后再煮 10 min 即可。

扫一扫
看视频

## 油菜蒸蛋羹

预计制作时间 20 min

### 原料

鸡蛋 1 个、油菜 50 g、水适量。

### 制作方法

1. 水开后，将洗净的油菜焯水断生，捞出切碎备用。
2. 将鸡蛋打散后，加入 2 倍于蛋液体积的水，倒入油菜碎，搅拌均匀。
3. 将盛有蛋液的碗放入蒸锅，上汽后用中大火蒸 10 min 即可。

扫一扫
看视频

丁妈辅食课堂

## 粥类的万能制作公式

很多妈妈一做辅食就手忙脚乱，归根到底是因为不懂得举一反三。其实辅食制作和辅食搭配本就不难，了解不同类型食物的万能制作公式，就能快速做出营养丰富的辅食啦。今天和大家分享粥类的制作公式。添加了多种食物的粥，可以让宝宝轻松摄入谷类、薯类、肉类、蔬菜类、坚果类等多种食物，轻轻松松就能实现营养均衡。

**粥类的万能制作公式 = 谷薯杂豆类 + 液体 + 配料**

谷薯杂豆类：大米、小米、黑米、燕麦、绿豆、红豆、红薯、芋头等。制作的时候可以添加整粒的米或者整块的薯类，也可以添加米浆或者薯泥。

液体：水、奶、豆浆、肉汤等。如果想做稀粥，米和液体比可以是 1 ∶ 10；如果想做稠一点的粥，米和液体比可以是 1 ∶ 6；如果想做软饭，米和液体比可以是 1 ∶ 4。

配料：适合做粥的配料有肉类、蔬菜、大豆类、蛋类、坚果粉等。其中肉类、蔬菜和蛋类是做粥最常用的配料。可以将猪肉、牛肉、鱼虾等食物切成肉糜或者小肉丁，在粥快做好时添加到粥里，一起煮 5 ~ 10 分钟就可以了。等宝宝大一些，还可以将肉类用少量油煸炒后再加入，既能增添风味，又能增加脂肪的摄入。可以将叶类蔬菜提前处理成菜末或者菜碎，在粥快做好时加到粥里。富含淀粉的南瓜、莲藕等蔬菜一开始就可以跟米一起煮。西红柿不仅可以丰富粥的颜色，还有增添风味的作用。蛋类可以在粥快熟的时候打散淋入粥里，做成蛋花粥。

## 番茄猪肝粒粒面

预计制作时间 40 min

### 原料

番茄 1/4 个、猪肝 25 g、姜 2 片、粒粒面 15 g。

### 制作方法

1. 将番茄洗净，划十字刀，用开水浸泡去皮，切丁备用。
2. 将猪肝切片，放入清水中浸泡 15 min，用流水洗净表面黏液，和姜片一起上锅蒸 10 min。
3. 将彻底蒸熟的猪肝片取出放入料理杯中，加适量水用料理棒打成猪肝泥（如果辅食的量太少，料理棒可能无法将其搅打成细腻的猪肝泥，可以一次多制作一些猪肝泥，冷冻保存）。
4. 将粒粒面和番茄丁一起煮熟后，倒入猪肝泥，边煮边搅拌，再次煮沸即可盛出。

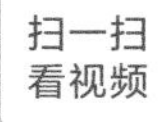

## 番茄牛肉香菇碎面

预计制作时间 15 min

### 原料

低钠面 15 g、番茄 1/4 个、香菇 1/4 个、牛肉糜 25 g。

### 制作方法

1. 将新鲜的香菇冲洗干净，切成小块备用。
2. 将番茄洗净后用开水浸泡去皮，切成小丁备用。
3. 将牛肉糜和香菇块一起蒸熟，再加适量水，用料理棒打成泥。
4. 将低钠面剪碎，水开后倒入碎面，快熟的时候加入番茄丁和牛肉香菇泥，煮沸后再加热 2 min 即可。

扫一扫
看视频

## 妈咪问，丁妈答

**Q：各段米粉分别适合多大的宝宝？每天的摄入量是多少？多大月龄的宝宝可以不吃强化铁米粉了呢？**

A：1段米粉指的是单一原料的米粉，如大米米粉、糙米米粉等。2段米粉除了含有大米，还含有少量的粗粮，有的还含有水果粉、蔬菜粉，比如香蕉米粉、苹果米粉等。3段米粉是指原料种类在3种或3种以上的米粉，在2段米粉的基础上添加了一些极小颗粒的食物，比如水果干、燕麦片等。

从性状上来看，冲调后的米粉始终是种泥糊状食物，还是适合在添加辅食初期给宝宝食用。只要里面的食物宝宝都尝试过并且不过敏，我们就可以根据宝宝的喜好来选择米粉，也可以几种米粉混着吃。

6 ~ 12月龄宝宝的食量会存在比较大的个体差异，宝宝每天吃多少米粉也要根据宝宝的食量来决定。如果你觉得宝宝还想吃，可以让他多吃一点，并没有严格的限制。

如果宝宝已经能从其他食物中摄入充足的铁，比如他每天能吃20 ~ 30 g的红肉，或者每周能固定摄入一些猪肝、鸡肝，那么就可以不必吃强化铁米粉了，吃普通的米面制成的适合性状的食物就可以了。

如果宝宝对某些米粉过敏，那么可以用薯类来代替米粉。除了红肉以外，宝宝最好在医生或者营养师的指导下补充铁剂，并遵从医嘱。

**Q：医生建议宝宝可以同时补充维生素A和维生素D，可是我看书里建议只补充维生素D，我该怎么做呢？**

A：对于给宝宝只补维生素D，还是维生素A和维生素D一起补，现在依然有一些争议。如果家长比较担心的话，可以交替补充维生素A和维生素 D。添加辅食前，对于纯母乳喂养的宝宝来说，如果妈妈平日的维生素 A 摄入充足，宝宝通过乳汁就能摄入充足的维生素 A。

乳汁中维生素 A 充足的标准是：妈妈每周吃 1 ～ 2 次肝脏，每天吃 1 个全蛋，平时深绿色、橙黄色的蔬菜水果吃得比较多，或者一直在服用含有 β – 胡萝卜素或者维生素 A 的补充剂。如果不是这样，纯母乳喂养的宝宝维生素 A 摄入就有可能不足，建议交替补充维生素 A 和维生素 D。添加辅食后在保证奶量的前提下，建议宝宝也要通过食物补充一定的维生素 A，包括每周吃 1 次动物肝脏、多吃蔬菜和水果等。如果宝宝饮食均衡，就不需要额外补充维生素 A。

Q：**添加辅食后宝宝的大便量增加了，正常吗?**

A：添加辅食后，宝宝排泄次数增加是非常正常的，毕竟吃得多，拉得也多。只要宝宝的大便性状正常，不是水样便、没有干结、排便不费劲，生长曲线也正常，就不必太担心。

Q：**宝宝 7 月龄了，喝奶和吃辅食的量都正常，但是大便干结，该怎么办呢？需要吃益生菌吗?**

A：关于益生菌对便秘的改善效果，目前还没有明确的研究结论。如果宝宝排便比较困难，一方面可以给宝宝吃一些富含膳食纤维的食物，比如蔬菜、水果、全谷、杂豆、薯类等食物。另一方面，家长可以关注奶粉的冲调说明，检查自己是否按照规定的比例冲调奶粉。如果奶粉冲得过浓，也会导致宝宝发生便秘。

除了上述原因以外，脂肪摄入不足、水分摄入不足、运动不足都有可能导致便秘的发生。所以，家长要注意给宝宝吃够红肉，保证充足的奶量，平时让宝宝多活动，帮助肠道蠕动。

**Q：这个阶段宝宝每天要喝 600 mL 奶，指的是白天的喝奶量还是白天和夜间的总喝奶量呢？如果是母乳喂养，如何知道宝宝喝了多少奶呢？**

A：600 mL 指的是全天（包括白天和晚上）的总喝奶量。如果是母乳亲喂，我们可以通过两种方法来判断宝宝的喝奶量是否充足：一是看喂养次数，二是看宝宝的吮吸力度。如果一天能够母乳喂养 6 ~ 8 次，宝宝的吮吸非常有力，我们就可以认为宝宝的喝奶量基本充足。

另外还可以观察宝宝排便和排尿的量。如果一天有 6 ~ 8 次尿片很湿，那么可以认为宝宝的喝奶量基本充足。当然，最关键的还是要看宝宝的生长曲线，如果宝宝一段时间内的生长曲线走势正常，摄入的奶量肯定也是充足的。

**Q：宝宝现在 7 个多月了，之前带宝宝进行过敏原检测，发现鸡蛋一项呈弱阳性。宝宝还能吃鸡蛋吗？少量给宝宝喂鸡蛋黄能脱敏吗？**

A：如果少量给宝宝吃鸡蛋，宝宝并没有不适反应，放心添加鸡蛋就好了。如果宝宝确实对鸡蛋过敏，比如吃过鸡蛋后出现皮疹、腹泻等表现，那么应该回避鸡蛋一段时间，等至少 3 个月后再尝试，期间不建议让宝宝反复尝试鸡蛋。脱敏治疗则需要在专业医生的指导下，将诱发过敏的物质制成不同浓度的脱敏液，用患者能适应的小剂量每日给药。这种治疗对给药剂量和重复的时间都有一定的要求，不建议我们自己在家尝试。

**Q：宝宝在添加辅食后经常放臭屁，这是消化不良的表现吗？是否要减少辅食的摄入量呢？**

A：添加辅食后，大便或者排气的味道发生改变是很正常的，这是因为随着宝宝摄入的外源性蛋白质越来越多，蛋白质被消化后会产生有异味的胺类物质，导致大便或者排气的味道发生改变。这不能说明宝宝消化不良。只要宝宝吃得好、睡得好、精神好，就不需太要担心，也不需要特意减少吃辅食的量。

**Q：辅食性状何时能从泥糊状过渡到颗粒状？要如何把握颗粒的大小？颗粒状辅食是否会增加宝宝消化系统的负担呢？**

A：辅食性状何时能从泥糊状过渡到颗粒状，要根据宝宝的表现。如果宝宝吃泥糊状食物已经吃得不错了，就可以在制作辅食泥的过程中缩短搅打时间，做成带有小颗粒的泥糊状食物，慢慢再过渡到颗粒状食物。至于辅食的颗粒大小具体要如何把握，你可以参考第一章中“注意食物性状的过渡”里的图片。只要宝宝没有出现大便干燥、大便硬结，排便痛苦、腹泻、水样便等情况，就不算对消化系统造成负担。

**Q：相比喝奶宝宝更喜欢吃辅食，该怎么办呢？**

A：家长一定要记住，6 ~ 7 月龄的宝宝要以喝奶为主，吃辅食为辅。如果宝宝非常喜欢吃辅食，每餐可以先让宝宝喝奶，喝饱了再吃辅食，或者试着用奶制作辅食，比如用奶冲调米粉，用奶制作蒸蛋羹。如果宝宝大部分时间都能保证 600 mL 的喝奶量，只有两三天没有喝够，家长不必焦虑。

第五章

# 辅食添加中期，让宝宝自己抓着吃

# 8月龄 开始尝试小颗粒状的食物啦

## 8 月龄宝宝的标准身长和体重

关于 8 月龄宝宝的标准身长和体重，大家可以参考表 5.1。如果出现了明显的偏差，家长可以带宝宝及时就医，请医生对宝宝进行检查和评估。

表 5.1 8 月龄宝宝的标准身长和体重

| 性别 | 身长（cm） | 体重（kg） |
| --- | --- | --- |
| 女 | 64.3 ~ 73.2 | 6.3 ~ 10.0 |
| 男 | 66.5 ~ 74.7 | 7.0 ~ 10.5 |

## 8 月龄宝宝辅食喂养原则

### ◎ 顺应宝宝的喜好，耐心鼓励不强迫

在喂养的过程中，父母应该及时感知宝宝的饥饱信号，充分尊重宝宝的进食意愿，提供适合宝宝的食物，耐心鼓励，绝不强迫宝宝进食。

### ◎ 丰富谷薯杂豆类

随着宝宝咀嚼能力的提高，对于谷薯杂豆类的选择可以更加丰富多样。除了强化铁米粉和粥以外，还可以尝试碎面、小饼等形式的食物。

### ◎ 注意色香味

随着宝宝月龄的增加，可以尝试着把之前提供的混合食物（如混合泥）分开提供，丰富一餐的色、香、味。让宝宝品尝不同的食物，发现不同食物的独特味道，有利于激发宝宝的食欲，培养自己的饮食喜好。

## 适合 8 月龄宝宝的辅食性状和每日辅食总量参考

### ◎ 适合 8 月龄宝宝的辅食性状

小颗粒状、末状。

### ◎ 每日奶和辅食的摄入量参考

宝宝每天应该喝奶 4 ~ 6 次，吃辅食 2 ~ 3 次。关于奶和辅食的具体摄入量，大家可以参考表 5.2。

表 5.2　8 月龄宝宝的每日奶和辅食的具体摄入量

| 类别 | 食用量和适合的性状 |
| --- | --- |
| 奶类 | 600 mL 左右 |
| 谷薯杂豆类 | 30 ~ 50 g（3 ~ 5 勺米糊、稠粥、烂面、蒸至软烂的薯丁等） |
| 畜禽肉类和水产类 | 30 ~ 50 g（3 ~ 5 勺肉糜、肉末） |
| 蛋类 | 蛋黄 1 个，可以尝试蛋白 |
| 蔬菜类 | 30 ~ 50 g（3 ~ 5 勺菜末） |

续表

| 类别 | 食用量和适合的性状 |
| --- | --- |
| 水果类 | 30 ~ 50 g（3 ~ 5 勺水果小颗粒） |
| 食用油 | 如果宝宝动物性食物的摄入不足，<br>可根据烹调方式添加 5 g（约 1/2 勺）食用油 |
| 食盐 | 不加 |

注：这里的以“g”为单位的重量均为食物的生重，而不是做熟以后的重量。这里的“勺”指家里常用的白瓷勺，以“勺”为单位的量是辅食做熟之后的量。

## 8 月龄宝宝添加辅食的注意事项

### ◎ 保证铁来源的前提下，可以不吃强化铁米粉

随着宝宝进食量的增加，如果每天能保证食用一定量的红肉，每周可以食用 1 ~ 2 次动物肝脏和血制品，就可以不用吃强化铁米粉了。

### ◎ 宝宝没有长牙，也有咀嚼功能

宝宝没有萌出的牙齿就在牙龈下面，所以牙床也有一定的咀嚼能力。8 月龄的宝宝可以开始尝试条状、质地软的手指食物。不过在这个阶段，还不能期待宝宝能够抓起手指食物塞进嘴里，提供手指食物的主要目的是让宝宝玩、捏、抓食物，让他感受食物的质地，提升对食物的兴趣，锻炼抓握能力。

### ◎ 进食中出现干呕，不必过分担忧

宝宝在吃辅食的过程中偶尔会干呕，这是他们学习咀嚼和吞咽过程中的正常反应。如果宝宝干呕之后状态良好，仍然可以继续进食，家长不用太担心，更不应该剥夺宝宝尝试颗粒状食物的机会。

## 8 月龄宝宝的辅食餐单

8 月龄宝宝的辅食安排示例如表 5.3 所示。

表 5.3　8 月龄宝宝辅食安排示例表

| 天　数 | 7:00<br>第 1 次奶 | 10:00<br>第 2 次奶 | 12:00<br>第 1 餐 | 15:00<br>加餐 +<br>第 3 次奶 | 18:00<br>第 2 餐 | 21:00<br>第 4 次奶 | 夜间<br>第 5 次奶 |
|---|---|---|---|---|---|---|---|
| 第 1 天 | 母乳 / 配方奶 | 母乳 / 配方奶 | 山药香菇肉糜粥（p99） | 草莓粒 + 母乳 / 配方奶 | 胡萝卜虾仁末粒粒面（p100）+ 菠菜碎蒸蛋羹（p100） | 母乳 / 配方奶 | 母乳 / 配方奶 |
| 第 2 天 | 母乳 / 配方奶 | 母乳 / 配方奶 | 冬瓜番茄猪肝碎面（p101） | 苹果粒 + 母乳 / 配方奶 | 口蘑鱼蓉蛋花粥（p101）+ 蒸红薯条 | 母乳 / 配方奶 | 母乳 / 配方奶 |
| 第 3 天 | 母乳 / 配方奶 | 母乳 / 配方奶 | 白萝卜牛肉糜蛋花粥（p102） | 小梨丁 + 母乳 / 配方奶 | 西蓝花鸡肉末粒粒面（p103）+ 牛油果条 | 母乳 / 配方奶 | 母乳 / 配方奶 |
| 第 4 天 | 母乳 / 配方奶 | 母乳 / 配方奶 | 油菜肉糜粥（p104）+ 炒蛋 | 火龙果粒 + 母乳 / 配方奶 | 花菜末鱼肉碎面（p103）+ 蒸冬瓜条 | 母乳 / 配方奶 | 母乳 / 配方奶 |
| 第 5 天 | 母乳 / 配方奶 | 母乳 / 配方奶 | 番茄牛肉糜芋头粥（p106） | 油菜蒸蛋羹（p85）+ 苹果粒 + 母乳 / 配方奶 | 三文鱼芹菜末粒粒面（p107）+ 蒸冬瓜条 | 母乳 / 配方奶 | 母乳 / 配方奶 |
| 第 6 天 | 母乳 / 配方奶 | 母乳 / 配方奶 | 鳕鱼南瓜蛋花粥（p107） | 香蕉条 + 母乳 / 配方奶 | 鸭肉末土豆粒炖豆腐（p108）+ 蒸胡萝卜条 | 母乳 / 配方奶 | 母乳 / 配方奶 |
| 第 7 天 | 母乳 / 配方奶 | 母乳 / 配方奶 | 芦笋粒香菇肉末粒粒面（p109） | 草莓条 + 母乳 / 配方奶 | 黄瓜粒黑木耳丁炒鸡蛋（p109）+ 蒸紫薯条 | 母乳 / 配方奶 | 母乳 / 配方奶 |

本阶段每日食谱中的食物种类均超过 8 种，一周食谱中的食物种类超过了 30 种。8 月龄是宝宝尝试不同食物、感受不同味道的关键时期。在不过敏的前提下，应该尽量让宝宝多尝试不同种类的食物，丰富宝宝的食物库。

## 8 月龄宝宝辅食制作方法

### 山药香菇肉糜粥

预计制作时间 40 min

**原料**

大米 25 g、山药 50 g、香菇 1/4 个、猪肉糜 25 g。

**制作方法**

1. 提前将大米和水按 1 ∶ 7 的比例煮成粥。
2. 将山药去皮，香菇洗净，一起放入蒸锅，上汽后蒸 10 min。将蒸熟的山药切丁，香菇切末。
3. 将山药丁、香菇末和猪肉糜放入粥里，加入少量水，搅拌均匀后煮 5 min 即可。

## 胡萝卜虾仁末粒粒面

预计制作时间 25 min

### 原料

粒粒面 25 g、胡萝卜 25 g、虾仁 25 g。

### 制作方法

1. 将胡萝卜去皮后切丁，虾仁解冻后切丁备用。
2. 锅中加入水和胡萝卜丁，水开后煮 5 min，倒入粒粒面，再次煮沸后将虾仁丁倒入锅内，再煮 5 min 即可。

注：制作视频可参考第 87 页“番茄猪肝粒粒面”。

## 菠菜碎蒸蛋羹

预计制作时间 20 min

### 原料

鸡蛋 1 个、菠菜 50 g、水适量。

### 制作方法

1. 将菠菜洗净后去除根部，焯水断生后捞出，切碎备用。
2. 将鸡蛋打散后，加入 2 倍于蛋液体积的水，倒入菠菜碎，搅拌均匀。
3. 将盛有蛋液的碗放入蒸锅，上汽后用中大火蒸 10 min 即可。

注：制作视频可参考第 85 页“油菜蒸蛋羹”。

## 冬瓜番茄猪肝碎面

预计制作时间 30 min

### 原料

低钠面 25 g、冬瓜 20 g、番茄 1/2 个、猪肝 25 g。

### 制作方法

1. 将冬瓜和番茄去皮后切丁备用。
2. 将猪肝洗净后切片，放入清水中浸泡 15 min，彻底煮熟后切成小粒。
3. 将冬瓜丁、番茄丁、剪碎的低钠面放入锅中，加适量水煮熟后倒入猪肝粒，再次煮沸后关火盛出。

注：制作视频可参考第 88 页“番茄牛肉香菇碎面”。

## 口蘑鱼蓉蛋花粥

预计制作时间 40 min

### 原料

大米 25 g、口蘑 1 个、黑鱼片 25 g、鸡蛋 1 个。

### 制作方法

1. 提前将大米和水按 1 ∶ 7 的比例煮成粥。
2. 将口蘑洗净后切丁，鸡蛋打散成蛋液，黑鱼片切丁备用。
3. 将口蘑丁和黑鱼丁放入粥里，可根据实际情况加少量水，小火煮 5 min。
4. 将蛋液缓缓倒入粥里，边倒边搅拌，再次煮沸后关火盛出。

注：制作视频可参考第 102 页“白萝卜牛肉糜蛋花粥”。

## 白萝卜牛肉糜蛋花粥

预计制作时间 40 min

### 原料

大米 25 g、白萝卜 50 g、牛肉糜 25 g、鸡蛋 1 个。

### 制作方法

❶ 提前将大米和水按 1 ∶ 7 的比例煮成粥。

❷ 将白萝卜削皮后切丁，鸡蛋打散成蛋液备用。

❸ 将白萝卜丁和牛肉糜放入粥里，可根据实际情况加少量水，小火煮 5 min。

❹ 将蛋液缓缓倒入粥里，边倒边搅拌，待再次煮沸即可关火盛出。

扫一扫
看视频

## 西蓝花鸡肉末粒粒面

预计制作时间 35 min

### 原料

粒粒面 25 g、西蓝花 50 g、鸡腿肉 25 g。

### 制作方法

1. 将西蓝花冲洗干净后掰成小朵，置于清水中浸泡 10 min。
2. 将西蓝花小朵焯水断生后捞出，切成碎末备用。
3. 将鸡腿肉煮熟，切成鸡肉末备用。
4. 锅中加水，水开后加入粒粒面，煮熟后加入西蓝花末和鸡肉末，煮 1 min 即可。

注：制作视频可参考第 87 页“番茄猪肝粒粒面”。

## 花菜鱼肉末碎面

预计制作时间 40 min

### 原料

低钠面 25 g、花菜 50 g、黑鱼片 25 g、姜 2 片。

### 制作方法

1. 将花菜洗净后掰成小朵，置于清水中浸泡 15 min。
2. 将浸泡好的花菜焯水断生，切成碎末备用。
3. 将黑鱼片和姜片一起煮熟，捞出黑鱼片后切末备用。
4. 将剪碎的低钠面放入沸水锅中煮熟，再将花菜末和黑鱼末倒入锅中煮 1 min 即可。

注：制作视频可参考第 88 页“番茄牛肉香菇碎面”。

## 油菜肉糜粥

预计制作时间 40 min

### 原料

大米 25 g、油菜 50 g、猪肉糜 25 g。

### 制作方法

1. 提前将大米和水按 1 ∶ 7 的比例煮成粥。
2. 将洗净后的油菜焯水断生，沥干水分后切成碎末备用。
3. 将油菜末和猪肉糜倒入粥里，可根据实际情况加少量水搅拌均匀，小火煮 5 min 即可。

扫一扫看视频

丁妈辅食课堂

## 面类的万能制作公式

添加了多种食物的面类，可以让宝宝轻松摄入谷类、薯类、肉类、蔬菜类等多种食物的营养，轻松实现营养均衡。面类的制作公式和粥类非常相似。

**面类的万能制作公式 = 面类 + 液体 + 配料**

面类：粒粒面、低钠面、蝴蝶面、意大利面等。区别是煮粒粒面的时间比较短，煮低钠面的时间相对较长。

液体：水、肉汤等。

配料：可以添加到面中的配料包括肉类、水产类、蔬菜类、大豆类、蛋类、坚果类等。猪肉、牛肉等肉类可以切成肉糜或者小肉丁，在面快煮熟的时候加进去，一起煮 5 ~ 10 min。大部分蔬菜可以提前处理成菜碎或者小菜块，在面快煮熟的时候添加进去，一起煮 3 ~ 5 min。富含淀粉的南瓜、莲藕等蔬菜，以及一些耐煮的菌菇类，可以一开始就跟面一起煮。在面快煮熟的时候，还可以淋入打散的蛋液，做成蛋花面。

## 番茄牛肉糜芋头粥 预计制作时间 40 min

### 原料

大米 15 g、番茄 1/2 个、牛肉糜 25 g、芋头 25 g。

### 制作方法

1. 将大米和水按 1 ：7 的比例煮成粥，在煮粥的同时将芋头煮熟，去皮碾成泥备用；将番茄去皮，切丁备用。
2. 将芋头泥和番茄丁放入粥里，加少量水搅拌均匀，小火煮 5 min。
3. 将牛肉糜倒入粥里，搅拌均匀后再煮 5 min 即可。

扫一扫
看视频

## 三文鱼芹菜末粒粒面

预计制作时间 20 min

### 原料

粒粒面 25 g、三文鱼 25 g、芹菜 50 g。

### 制作方法

1. 将芹菜洗净，焯水断生，切成碎末备用。
2. 将三文鱼蒸熟后切小块备用。
3. 将粒粒面放入沸水锅中煮熟，再将芹菜末和三文鱼块倒入锅内，再煮 1 min 即可。

注：制作视频可参考第 87 页“番茄猪肝粒粒面”。

## 鳕鱼南瓜蛋花粥

预计制作时间 40 min

### 原料

大米 25 g、鳕鱼 25 g、南瓜 50 g、鸡蛋 1 个。

### 制作方法

1. 提前将大米和水按 1 ∶ 7 的比例煮成粥。
2. 将鸡蛋打散，南瓜去皮切片备用。
3. 将南瓜片和鳕鱼一起放入蒸锅中，上汽后用中火蒸 10 min。
4. 将南瓜片和鳕鱼用勺子碾碎，一起放入粥里煮 1 min。
5. 将蛋液缓缓倒入粥内，边倒边搅拌，再次煮沸后即可出锅。

注：制作视频可参考第 102 页“白萝卜牛肉糜蛋花粥”。

## 鸭肉末土豆粒炖豆腐

预计制作时间 40 min

### 原料

内酯豆腐 50 g、土豆 50 g、鸭胸肉 25 g。

### 制作方法

1. 将土豆去皮，切成小粒备用。
2. 将土豆粒和鸭胸肉一起放入蒸锅，上汽后蒸 15 min。
3. 将蒸熟的鸭胸肉切碎，和土豆粒、豆腐一起放入锅内，加入适量水，用铲子将豆腐铲碎，煮 5 min 即可。

扫一扫 看视频

## 芦笋粒香菇肉末粒粒面

预计制作时间 25 min

### 原料

粒粒面 25 g、芦笋嫩头 50 g、香菇 1/4 个、猪肉糜 25 g。

### 制作方法

1. 将芦笋嫩头洗净，焯水断生后切成小粒备用。
2. 将香菇洗净后切末备用。
3. 锅中烧水，放入香菇末，煮熟后放入粒粒面，煮沸后放入猪肉糜和芦笋粒，搅拌均匀后用小火再煮 3 min 即可。

注：制作视频可参考第 87 页“番茄猪肝粒粒面”。

## 黄瓜粒黑木耳丁炒鸡蛋

预计制作时间 15 min

### 原料

鸡蛋 1 个、黄瓜 50 g、黑木耳 2 朵、食用油少许。

### 制作方法

1. 将泡发好的黑木耳切丁，黄瓜切小粒，鸡蛋打散成蛋液备用。
2. 将黑木耳丁和黄瓜粒倒入蛋液中搅拌均匀。
3. 将锅烧热，倒入少量食用油，将混合好的蛋液倒入锅内，用小火加热至蛋液凝固，翻炒成小块即可。

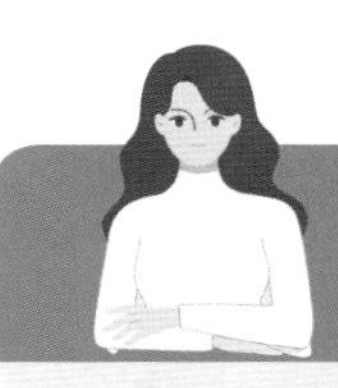

## 妈咪问，丁妈答

**Q：8月龄的宝宝不好好吃辅食，一直在咬勺子、玩食物，这正常吗？**

A：是正常的。一般在8～10月龄时，宝宝自主进食的意愿增强，想要自己掌控“吃饭”这件事情。抓东西或者把东西塞进嘴里是宝宝进入口欲期的表现，也是他们探索世界的方式。家长可以给宝宝准备一把可以咬的勺子，比如硅胶材质的软勺，然后用另一把勺子来喂他。同时，还应该给宝宝提供手指食物，让他练习自己抓着吃，可以从软的、入口即化的食物开始，如熟的香蕉、煮软的白萝卜、豆腐等。家长要给宝宝提供合适的空间、工具和食物，让宝宝尽情地尝试和探索。

**Q：“积食”的宝宝应该吃母乳还是辅食呢？哪种食物对胃肠造成的负担比较小呢？**

A：医学上并没有关于“积食”的定义，很多家长认为的“积食”大多指的是宝宝消化不良或者便秘，这主要是不合适的饮食结构和不规律的生活作息导致的。对健康的宝宝来说，无论是母乳还是辅食，适量摄入都是可以被正常消化的。

**Q：宝宝容易胀气怎么办？**

A：如果宝宝容易胀气，要少吃容易产气的食物（比如白萝卜、薯类、十字花科蔬菜、豆类、洋葱等）以及富含粗纤维的食物，建议多吃清淡易消化的食物，否则会加重胀气和消化不良。宝宝可以正常喝母乳，因为母乳中含有益生菌和益生元，能改善胀气的现象。如果宝宝胀气比较严重，可以参考第八章“宝宝的特殊饮食”中“便秘”一节的内容，选择一些适合宝宝的辅食。

Q：**宝宝已经满 8 月龄了，之前一直是母乳喂养，现在他不爱用奶瓶喝奶，该怎么办呢？**

A：大多数妈妈在产后都要恢复上班，所以需要让宝宝适应用奶瓶喝奶。如果宝宝不喜欢用奶瓶，很可能是他还不习惯用，我们需要给宝宝适应的时间。比如每次喂奶都先用奶瓶喂，宝宝能喝几口算几口，实在不行还可以试试吸管杯。如果宝宝还是不喜欢，一定不要强迫宝宝接受，只要宝宝一天的喝奶量能达到 600 mL（4 ~ 5 次母乳喂养的奶量），等妈妈下班回家再进行母乳喂养也是可以的。

Q：**宝宝从什么时候开始要从每天吃 1 顿辅食增加到每天吃 3 顿辅食呢？转换为每天吃 3 顿辅食后，是否要安排加餐？每个月龄的加餐都吃什么，具体要吃多少呢？**

A：在添加辅食初期，宝宝每天只吃 1 顿辅食。如果宝宝的胃口比较小，一顿吃不了很多，或是还没有适应辅食的味道和口感，可以让宝宝少量多次尝试，将 1 顿辅食的量拆成 2 ~ 3 顿吃。在 7 ~ 9 月龄时，可以逐渐过渡到每天吃 2 顿辅食，每天喝奶 4 ~ 6 次。在 11 ~ 12 月龄时，宝宝每天就可以吃 3 顿辅食了，喝奶的次数可以减少到 4 次。每天吃辅食的次数也可以根据宝宝的实际情况进行调整。你可以参考不同月龄宝宝需要吃的食物类型和食物总量，如果在现有的安排下宝宝吃不完这些食物，可以增加一顿辅食。

对于 1 岁以内的宝宝，应该在不影响奶量和动物性食物摄入量的前提下进行加餐。对于超过 1 岁的宝宝，除了一日三餐外，可以在两餐之间安排加餐。加餐可以选择无糖酸奶、低钠奶酪、新鲜的蔬菜水果、无糖米饼等健康食物。

# 9月龄 正式引入手指食物啦

## 9 月龄宝宝的标准身长和体重

关于 9 月龄宝宝的标准身长和体重，大家可以参考表 5.4。如果出现了明显的偏差，家长可以带宝宝及时就医，请医生对宝宝进行检查和评估。

表 5.4 9 月龄宝宝的标准身长和体重

| 性别 | 身长（cm） | 体重（kg） |
|---|---|---|
| 女 | 65.6 ~ 74.7 | 6.6 ~ 10.4 |
| 男 | 67.7 ~ 76.2 | 7.2 ~ 10.9 |

## 9 月龄宝宝辅食喂养原则

### ◎ 保证辅食的营养密度

这一阶段的辅食需要进一步满足宝宝对能量以及优质蛋白质、铁、锌、钙、维生素 A 等营养素的需求，过于稀薄的食物不再适合这一阶段的宝宝了。

### ◎ 引入手指食物

顾名思义，手指食物是指宝宝可以用手抓起来或者捏起来吃的食物。手指食物可以帮助宝宝锻炼抓握能力、锻炼手眼协调能力、增强进食兴趣、学习自主进食。

给宝宝吃的手指食物大小、软硬都要适中，需要符合宝宝咀嚼和吞咽能力的发展程度。如果宝宝对抓手指食物充满兴趣，但总是抓不起来或者咬不动手指食物，慢慢地宝宝会产生挫败感，自主进食的意愿也会降低。因此，给宝宝提供适合的手指食物非常重要。

一开始可以给宝宝提供香蕉条、牛油果条、蒸熟的红薯条等软烂、适合抓握的手指食物，等宝宝适应得差不多了可以逐渐过渡到稍微有嚼劲的手指食物，比如苹果条、火龙果条、煮熟的小朵西蓝花、煮熟的西葫芦条、煮熟的三文鱼片、蒸熟的馒头块等。另外，无添加的磨牙饼干、泡芙、小溶豆也可以作为手指食物的选择，具体可以参考表 5.5。

表 5.5　不同月龄手指食物性状一览表

| 参考月龄 | 形状 | 能力信号 | 口感 | 食物举例 |
| --- | --- | --- | --- | --- |
| 8 ~ 9 月龄 | 7 cm 左右的长条状 | 有抓东西，并放入口中的意愿 | 软烂、入口即化、方便吞咽 | 香蕉条、红薯条、软胡萝卜条、牛油果条、冬瓜条等 |
| 10 ~ 12 月龄 | 阶段 1：7 cm 左右的长条状 | 之前的手指食物吃得不错，咀嚼能力提高 | 稍有嚼劲 | 西蓝花条、花菜条、西葫芦条、草莓条、三文鱼条等 |

续表

| 参考月龄 | 形状 | 能力信号 | 口感 | 食物举例 |
| --- | --- | --- | --- | --- |
| 10 ~ 12 月龄 | 阶段 2：薄片或小块状 | 可以用拇指和食指捡起小物品 | | 香蕉片、馒头片、贝壳或者螺旋意大利面、发糕、鱼糕、虾糕等 |
| 12 月龄以上 | 条状、片状、块状等 | 之前的手指食物吃得不错，咀嚼能力进一步提高 | 咀嚼难度更高 | 肉类或其他纤维含量更高、更难咀嚼的食物，如虾仁、猪肉块、鸡肉丝、馄饨、饭团、三明治、手工香肠、菌菇、叶菜等 |

注：每个宝宝的咀嚼能力有所不同，要根据自己家宝宝的情况，慢慢过渡手指食物的性状。

### ◎ 忠于食物原味

宝宝吃的辅食应该保持原味，口味清淡，不要添加食盐、糖，以及刺激性的调味品。

## 适合 9 月龄宝宝辅食性状和每日辅食总量参考

### ◎ 适合 9 月龄宝宝的辅食性状

颗粒状、小丁状、软的条状。

### ◎ 每日奶和辅食的摄入量参考

宝宝每天应该喝奶 4 ~ 6 次，吃辅食 2 ~ 3 次。关于奶和辅食的具体摄入量大家可以参考表 5.6。

表 5.6 9 月龄每日奶和辅食的具体摄入量

| 类别 | 食用量和适合的性状 |
| --- | --- |
| 奶类 | 600 mL 左右 |
| 谷薯杂豆类 | 30 ~ 50 g（3 ~ 5 勺粥、碎面、蒸至软烂的薯丁等） |
| 畜禽肉类和水产类 | 30 ~ 50 g（3 ~ 5 勺肉末） |
| 蛋类 | 蛋黄 1 个，可以尝试蛋白 |
| 蔬菜类 | 30 ~ 50 g（3 ~ 5 勺菜末、菜丁） |
| 水果类 | 30 ~ 50 g（3 ~ 5 勺果粒） |
| 食用油 | 如果宝宝动物性食物摄入不足，<br>可根据烹调方式添加 5 ~ 10 g 食用油（不超过 1 勺） |
| 食盐 | 不加 |

注：这里的以“g”为单位的重量均为食物的生重，而不是做熟以后的重量。这里的“勺”指家里常用的白瓷勺，以“勺”为单位的量是辅食做熟之后的量。

## 9 月龄宝宝添加辅食的注意事项

### ◎ 保证吃够动物性食物

蛋白质对宝宝的生长发育非常重要，动物性食物是优质蛋白质的良好来源，每天宝宝都应该吃够一定量的肉类、水产类和蛋类。如果宝宝对蛋黄或鸡蛋过敏，在避免吃鸡蛋的同时，还要额外多吃 30 g 的肉类。

### ◎ 适当使用食用油

对于 1 岁以内宝宝来说，脂肪最主要的食物来源是肉蛋奶。在保证奶量和动物性食物摄入量的前提下，辅食中不用额外添加食用油。如果辅食以谷物、蔬菜、水果等植物性食物为主，建议额外添加 5 ~ 10 g 食用油。

◎ 吃水果，但不要喝果汁

美国儿科学会不建议给 1 岁以内的宝宝喝果汁。相比天然水果，果汁在生产的过程中损失了大量的膳食纤维，糖含量非常高。果泥、小颗粒水果、块状水果等是比较健康的选择。

## 9 月龄宝宝辅食餐单

9 月龄宝宝的辅食安排示例如表 5.7 所示。

表 5.7　9 月龄宝宝辅食安排示例表

| 天　数 | 7:00<br>第 1 次奶 | 10:00<br>第 2 次奶 | 12:00<br>第 1 餐 | 15:00<br>加餐 +<br>第 3 次奶 | 18:00<br>第 2 餐 | 21:00<br>第 4 次奶 | 夜间<br>第 5 次奶 |
|---|---|---|---|---|---|---|---|
| 第 1 天 | 母乳 / 配方奶 | 母乳 / 配方奶 | 菠菜肉末鸡蛋饼（p118） | 酸奶小溶豆（p119）+ 芒果丁 + 母乳 / 配方奶 | 虾仁芦笋玉米粒山药粥（p119）+ 牛油果条 | 母乳 / 配方奶 | 母乳 / 配方奶 |
| 第 2 天 | 母乳 / 配方奶 | 母乳 / 配方奶 | 小米发糕（p120）+ 蘑菇炒蛋 | 草莓丁 + 母乳 / 配方奶 | 茭白丁肉丝碎面（p128） | 母乳 / 配方奶 | 母乳 / 配方奶 |
| 第 3 天 | 母乳 / 配方奶 | 母乳 / 配方奶 | 番茄鸭肉末鸡蛋卷（p121） | 无糖米饼 + 母乳 / 配方奶 | 白菜鲜虾小丸子（p122）+ 红薯豆腐羹（p123） | 母乳 / 配方奶 | 母乳 / 配方奶 |
| 第 4 天 | 母乳 / 配方奶 | 母乳 / 配方奶 | 芹菜瘦肉粥（p124） | 红薯条 + 母乳 / 配方奶 | 番茄蛋花牛肉糜碎面（p124） | 母乳 / 配方奶 | 母乳 / 配方奶 |
| 第 5 天 | 母乳 / 配方奶 | 母乳 / 配方奶 | 香菇鸡肉小丸子（p125）+ 南瓜银耳羹（p126） | 芒果条 + 母乳 / 配方奶 | 蒸紫薯 + 油菜肉末蒸蛋羹 | 母乳 / 配方奶 | 母乳 / 配方奶 |

续表

| 天数 | 7:00<br>第1次奶 | 10:00<br>第2次奶 | 12:00<br>第1餐 | 15:00<br>加餐+<br>第3次奶 | 18:00<br>第2餐 | 21:00<br>第4次奶 | 夜间<br>第5次奶 |
|---|---|---|---|---|---|---|---|
| 第6天 | 母乳/配方奶 | 母乳/配方奶 | 冬瓜番茄猪肝碎面（p101） | 香蕉条+母乳/配方奶 | 西蓝花三文鱼蛋花粥（p126） | 母乳/配方奶 | 母乳/配方奶 |
| 第7天 | 母乳/配方奶 | 母乳/配方奶 | 白菜猪肉土豆饼（p127） | 蒸蛋羹+母乳/配方奶 | 冬瓜鳕鱼碎面（p128） | 母乳/配方奶 | 母乳/配方奶 |

本阶段每日食谱中的食物种类均超过了8种，一周食谱中的食物种类超过了30种。按照本阶段的食谱吃，能够保证宝宝摄入多种食物的营养，实现营养均衡。在上个月龄的基础上，本阶段新添加了多种食物，食物的总摄入量也在逐渐增加。

# 9 月龄宝宝辅食制作方法

## 菠菜肉末鸡蛋饼

预计制作时间 10 min

### 原料

鸡蛋 1 个、菠菜 50 g、猪肉糜 25 g、面粉 25 g、食用油少许。

### 制作方法

1. 将菠菜洗净后焯水断生，沥干水分后切碎备用。
2. 将鸡蛋打散成蛋液，放入菠菜碎、猪肉糜和面粉，搅拌均匀制成面糊。
3. 将锅烧热，涂抹一层薄薄的食用油。倒入面糊，将其摊平。小火煎至面糊凝固后翻面，继续小火煎 2 min，盛出后切成小条。饼条可以作为手指食物让宝宝自己拿着吃。

扫一扫
看视频

## 酸奶小溶豆

预计制作时间 60 min

### 原料

鸡蛋 1 个、玉米淀粉 10 g、奶粉 35 g、无糖酸奶 25 g、柠檬汁适量。

### 制作方法

1. 取 1 个鸡蛋分离出蛋清，在蛋清中加柠檬汁打发成酸奶状，再加入玉米淀粉，打发至提起后呈弯钩的状态。
2. 将酸奶和奶粉混合均匀，倒入蛋白糊中，上下翻拌均匀后装入裱花袋。
3. 将裱花袋剪出一个小口，烤盘上铺油纸，将混合蛋白糊挤在油纸上。
4. 将烤箱提前预热至 90℃，烤 40 min 左右即可。
5. 为了保持口感，做好的溶豆需要密封保存。

## 虾仁芦笋玉米粒山药粥

预计制作时间 40 min

### 原料

大米 25 g、虾仁 25 g、芦笋嫩头 50 g、山药 20 g、玉米粒 15 g。

### 制作方法

1. 提前将大米和水按 1 ∶ 7 的比例和玉米粒一起煮成粥。
2. 将山药去皮后切丁，虾仁解冻后切丁，将芦笋嫩头洗净后焯水断生，切丁备用。
3. 将山药丁、虾仁丁和芦笋丁倒入粥里，如果觉得干可以适量加水，搅拌均匀后继续煮 5 min 即可。

## 小米发糕

预计制作时间 60 min

### 原料

小米粉 10 g、低筋面粉 40 g、鸡蛋 1 个、牛奶或者配方奶 40 mL、干酵母 2 g、食用油少许。

### 制作方法

1. 将鸡蛋和牛奶混合，搅拌均匀，然后倒入小米粉、低筋面粉和干酵母，搅拌成均匀的面糊，置于温暖处发酵至 2 倍大。
2. 取一个干净的容器，在四周和底部涂抹薄薄的一层食用油，然后倒入发酵好的面糊，震动几下容器去除其中的气泡。
3. 将容器放入蒸锅，上汽后大火蒸 20 min，然后关火焖 5 min。取出放凉后将发糕取出，切成小条，可以作为手指食物给宝宝吃。

扫一扫
看视频

## 番茄鸭肉末鸡蛋卷

预计制作时间 15 min

### 原料

鸡蛋 1 个、面粉 15 g、番茄 1/2 个、鸭胸肉 25 g、食用油少许。

### 制作方法

1. 将番茄去皮后切丁，鸭胸肉煮熟后切成碎末备用。
2. 将鸡蛋打散，加入面粉，搅拌成面糊备用。
3. 将锅烧热，涂抹一层薄薄的食用油，然后倒入面糊，将其摊平，再将鸭肉末均匀地撒在面饼上，盖上盖子用小火焖 2 min。将番茄丁撒在面饼上，盛出后卷起即可。
4. 可切成小段，让宝宝自行取食。

## 白菜鲜虾小丸子

预计制作时间 30 min

### 原料

草虾 500 g、大白菜 500 g、鸡蛋 1 个、淀粉 1 勺、姜若干片。

### 制作方法

❶ 提前将姜片浸泡于水中，取姜水备用。取 1 个鸡蛋分离出蛋清。

❷ 将草虾去头去壳，抽去虾线，剁成虾肉泥备用。

❸ 将大白菜洗净后焯水断生，捞出控干水分，切成碎末。

❹ 将虾泥和大白菜末混合，放入蛋清，加入 1 ~ 2 勺姜水，顺着一个方向搅拌上劲，可视情况添加姜水或淀粉（太湿加淀粉，太干加姜水）。

❺ 锅中加水，水开后用小勺舀虾泥放入水中形成虾肉丸，丸子浮起后即可捞出。可以一次多做一些放入冰箱的冷冻室中保存，再次食用时需彻底热透。

## 红薯豆腐羹

预计制作时间 30 min

### 原料

红薯 100 g、内酯豆腐 100 g、淀粉 1 勺。

### 制作方法

1. 将红薯洗净后去皮切丁备用。
2. 将淀粉加水调成勾芡汁备用。
3. 水开后放入红薯丁，煮至红薯粒软烂，大约需要煮 10 min。
4. 将内酯豆腐碾碎后倒入锅内，加适量水煮沸，将勾芡汁缓缓倒入锅内，边倒边搅拌，汤汁浓稠后即可盛出。

## 芹菜瘦肉粥

预计制作时间 40 min

### 原料

大米 25 g、芹菜茎 50 g、猪肉糜 25 g。

### 制作方法

1. 提前将大米和水按 1 ∶ 7 的比例一起煮成粥。
2. 将芹菜茎洗净后焯水，捞出切丁备用。
3. 将芹菜丁和猪肉糜倒入煮好的粥里，可以根据实际需要加适量水，搅拌均匀后继续煮 5 min 即可。

## 番茄蛋花牛肉糜碎面

预计制作时间 20 min

### 原料

低钠面 25 g、番茄 1/2 个、鸡蛋 1 个、牛肉糜 25 g。

### 制作方法

1. 将番茄去皮后切丁，鸡蛋打散成蛋液备用。
2. 将低钠面剪碎后放入沸水锅中煮熟，然后将番茄丁和牛肉糜倒入，一起煮 5 min 左右，边煮边搅拌。
3. 将蛋液缓缓倒入锅内，边倒边搅拌，再次煮沸后即可出锅。

## 香菇鸡肉小丸子

预计制作时间 30 min

### 原料

鸡腿肉 250 g、香菇 3 个、鸡蛋 1 个、水适量。

### 制作方法

1. 将香菇和鸡腿肉洗净切块，取 1 个鸡蛋分离出蛋清。将香菇块、鸡腿肉块、蛋清和少量水一起放入料理机搅打成泥。
2. 锅中加水，水开后用小勺舀取一勺肉泥放入水中形成鸡肉丸，肉丸浮起后即可捞出。可以一次多做一些放入冰箱的冷冻室中保存，再次食用时需彻底热透。

扫一扫
看视频

## 南瓜银耳羹

预计制作时间 50 min

### 原料

南瓜 100 g、银耳 1 朵。

### 制作方法

1. 将南瓜去皮后切片，放入蒸锅蒸至软烂，碾成泥备用。
2. 将提前泡发好的银耳剪碎后放入锅内，加适量水小火煮 15 min。
3. 锅中倒入南瓜泥，和银耳羹混合均匀，小火边搅拌边煮 3 min。

## 西蓝花三文鱼蛋花粥

预计制作时间 45 min

### 原料

大米 25 g、西蓝花 50 g、三文鱼 25 g、鸡蛋 1 个。

### 制作方法

1. 提前将大米和水按 1 ： 7 的比例煮成粥。
2. 将西蓝花洗净后掰成小朵，浸泡 15min 后焯水断生，切碎备用。
3. 将三文鱼切丁，鸡蛋打散备用。
4. 将西蓝花碎、三文鱼丁倒入粥里，搅拌均匀后煮 10 min，再将蛋液缓缓倒入锅内，边倒边搅拌，再次煮沸即可盛出。

注：制作视频可参考第 102 页“白萝卜牛肉糜蛋花粥”。

## 白菜猪肉土豆饼

预计制作时间 40 min

### 原料

土豆 100 g、猪肉糜 20 g、大白菜 50 g、面粉 30 g、食用油少许。

### 制作方法

1. 将大白菜洗净后焯水断生，捞出沥干水分，切碎备用。
2. 将土豆去皮后切片，放入蒸锅，上汽后蒸 15 min 至土豆软烂，取出碾成土豆泥。
3. 将土豆泥、猪肉糜和大白菜碎混合搅拌均匀。
4. 将锅烧热，涂抹一层薄薄的食用油，倒入一勺泥糊，将其摊平，小火煎 2 min，翻面再煎 3 min 即可。

扫一扫
看视频

## 茭白丁肉丝碎面 预计制作时间 25 min

### 原料

低钠面 25 g、茭白 50g、猪里脊 25 g。

### 制作方法

❶ 将猪里脊切丝，茭白切丁备用。

❷ 将猪肉丝和茭白丁焯水断生后捞出。

❸ 将低钠面剪碎后放入沸水锅，煮熟后倒入肉丝和茭白丁，再次沸腾后即可盛出。

注：制作视频可参考第 88 页“番茄牛肉香菇碎面”。

## 冬瓜鳕鱼碎面 预计制作时间 30 min

### 原料

低钠面 25 g、冬瓜 50 g、鳕鱼 25 g。

### 制作方法

❶ 冬瓜去皮后切丁，鳕鱼解冻后切丁备用。

❷ 将冬瓜丁和鳕鱼丁煮熟后捞出，放入碗中。

❸ 将低钠面剪碎放入沸水锅，煮熟后捞出，盛入装有冬瓜丁和鳕鱼丁的碗中即可。

注：制作视频可参考第 88 页“番茄牛肉香菇碎面”。

## 妈咪问，丁妈答

**Q：9 月龄的宝宝一吃颗粒稍大一点的食物就干呕，如何才能帮助宝宝适应颗粒较大的食物呢？**

A：干呕不一定代表宝宝真的被呛到了，大多数情况下这是宝宝学习吞咽的“必经之路”。家长需要留意辅食性状的过渡是不是太快了，食物的颗粒大小是否符合宝宝当下的吞咽和咀嚼能力。家长可以将食物性状逐渐从小颗粒过渡到大颗粒，帮助宝宝慢慢接受从细腻的泥糊状食物过渡到颗粒状食物。总之，只要宝宝仍然愿意继续进食，你就不必太担心。

**Q：宝宝吃辅食的时候总喜欢扔食物，怎么办呢？**

A：在添加辅食初期，一些宝宝喜欢乱扔食物，这大多是因为宝宝的抓握能力还不成熟，身体动作还不协调。也就是说，他们扔食物的行为是无意的。但是 9 月龄宝宝扔食物的原因与之前不同，他们大多是故意的，你可以把宝宝扔食物的行为理解成他们在探索世界，在验证“物体恒存性”（消失在视线中的物体仍然存在）。这个阶段的宝宝会发现：原来把番茄扔出去，番茄会掉在地上！原来土豆掉在地上的声音和番茄掉在地上的声音不太一样！原来把碗里的食物扔到地上，碗里的食物就不见了……建议家长在这个阶段给予宝宝一定的自由，把关注点放在如何给宝宝做示范上，而不是在宝宝扔东西的时候责备他。比如，你可以向宝宝示范如何正确地吃辅食，你可以说：“宝宝你看，食物就应该用勺子大口大口地送到嘴里呢。”

**Q：宝宝原来吃辅食吃得好好的，但是最近突然不爱吃辅食了，对以前喜欢的食物也不怎么感兴趣了，怎么办呢？**

A：宝宝的这种表现可能说明当前的食物性状不符合宝宝的进食能力水平了。在 8 月龄之前，大部分宝宝的饮食以泥糊状食物为主。但是在 8 ~ 9 月龄阶段，很多宝宝开始有了自主进食的意识，乳牙逐渐萌出，咀嚼和吞咽能力逐渐增强，因此对辅食性状的要求也更高。他们不再满足于泥糊状食物，渴望能够用手抓着或者捏着吃食物。如果家长还是按照以前的性状给宝宝准备辅食，宝宝很有可能不喜欢。

Q：**宝宝只有 2 颗牙齿，可以吃菜单里的各种饼和丸子吗？**

A：宝宝长牙的速度有快有慢，即使牙齿没有完全萌出，牙床本身也具有一定的咀嚼能力。另外，饼和丸子类食物并不是突然添加的，而是宝宝对之前的食物性状适应得不错，在此基础上过渡而来的。

第六章

# 辅食添加末期，能吃更复杂的食物了

# 10月龄 该戒掉夜奶啦

## 10 月龄宝宝的标准身长和体重

关于 10 月龄宝宝的标准身长和体重，大家可以参考表 6.1。如果出现了明显的偏差，家长可以带宝宝及时就医，请医生对宝宝进行检查和评估。

表 6.1　10 月龄宝宝的标准身长和体重

| 性别 | 身长（cm） | 体重（kg） |
|---|---|---|
| 女 | 66.8 ～ 76.1 | 6.8 ～ 10.7 |
| 男 | 69.0 ～ 77.6 | 7.5 ～ 11.2 |

## 10 月龄宝宝辅食喂养原则

### ◎ 继续丰富食物种类

宝宝已经尝试并适应了很多种食物了，本阶段应该继续丰富辅食的种类，让宝宝尝试多种类的蔬菜和水果。

### ◎ 增加食物稠度、粗糙度

在这一阶段，大多数宝宝长出了乳牙，处理食物的能力也进一步加强。这个阶段可以继续增加食物的硬度、大小和稠度，从碎末状过渡到小颗粒状、小块状，但是要避免提供难以嚼碎或过滑的食物，如爆米花、硬糖、果冻、大颗的鱼丸等，以免引发意外。

### ◎ 以奶为主，保证奶量

虽然宝宝吃辅食的量在逐渐增加，但是家长一定要牢记，对于 1 岁以内的宝宝，每日所需能量的 1/2 ～ 2/3 应来源于奶类，添加辅食的同时一定要保证喝奶量。

### ◎ 增加辅食餐数，调整进餐时间

建议这个阶段的宝宝戒掉夜奶，同时将一日三餐的时间调整至与家人相同，为宝宝 1 岁后与家人一起用餐打下基础。

## 适合 10 月龄宝宝的辅食性状和每日辅食总量参考

### ◎ 适合 10 月龄宝宝的辅食性状

颗粒状、小块状、软的条状。

### ◎ 每日奶和辅食的摄入量参考

宝宝每天应该喝奶 3 ～ 4 次，吃辅食 2 ～ 3 次。每日奶和辅食的具体摄入量可以参考表 6.2。

表 6.2　10 月龄宝宝每日奶和辅食的具体摄入量

| 类别 | 食用量和适合的性状 |
| --- | --- |
| 奶类 | 600 mL 左右 |
| 谷薯杂豆类 | 50 ～ 75 g（5 ～ 7.5 勺粥、碎面、颗粒面，5 ～ 8 条筷子粗细、5 cm 长的薯类切条） |
| 畜禽肉类和水产类 | 50 g（5 勺肉末、小肉丁、肉丝） |
| 蛋类 | 全蛋 1 个 |
| 蔬菜类 | 50 ～ 100 g（5 ～ 10 勺菜丁） |
| 水果类 | 50 ～ 100 g（5 ～ 10 勺果粒，5 ～ 10 条筷子粗细、5 cm 长的水果条） |
| 食用油 | 如果宝宝摄入的动物性食物摄入不足，可根据烹调方式添加 5 ～ 10 g（不超过 1 勺）食用油 |
| 食盐 | 不加 |

注：这里的以“g”为单位的重量均为食物的生重，而不是做熟以后的重量。这里的“勺”指家里常用的白瓷勺，以“勺”为单位的量是辅食做熟之后的量。

## 10 月龄宝宝添加辅食的注意事项

### ◎ 排查宝宝不爱吃饭的原因

在这个阶段，宝宝很可能会突然不爱吃饭，最常见的原因有身体不舒服、长牙、食物性状不合适、正在进行的活动被打断等。家长要耐心地逐一排除，多鼓励宝宝尝试，千万不要一味地责怪宝宝。

### ◎ 注意给宝宝清洁口腔

宝宝在 6 月龄左右就会开始长牙，长牙后就应该给宝宝刷牙了。尤其在宝宝吃了辅食以后，更要仔细清洁牙齿，避免食物残留，造成龋齿。应选择适合宝宝牙齿大小的软毛牙刷，搭配含氟的牙膏，每天早晚给宝宝刷两次。

### ◎ 宝宝捏食物、扔食物、吐食物，不代表不喜欢食物

捏食物玩、扔掉食物或者把吃进嘴里的食物再吐出来，是宝宝感受食物、探索世界的正常行为，家长不需要禁止，让宝宝尽情尝试就好。

## 10 月龄宝宝辅食餐单

10 月龄宝宝的辅食安排示例如表 6.3 所示。

表 6.3　10 月龄宝宝辅食安排示例表

| 天　数 | 7:00 第 1 次奶 | 10:00 第 2 次奶 | 12:00 第 1 餐 | 15:00 加餐 + 第 3 次奶 | 18:00 第 2 餐 | 21:00 第 4 次奶 | 夜间 第 5 次奶 |
| --- | --- | --- | --- | --- | --- | --- | --- |
| 第 1 天 | 母乳 / 配方奶 | 母乳 / 配方奶 | 番茄口蘑虾仁意大利面（p138） | 蒸蛋羹 + 母乳 / 配方奶 | 自制猪肉肠（p139）+ 双菇油菜芋头粥（p140） | 母乳 / 配方奶 | 无 |
| 第 2 天 | 母乳 / 配方奶 | 母乳 / 配方奶 | 香菇牛肉糜蛋花粥（p141） | 芒果条 + 母乳 / 配方奶 | 莲藕猪肉小饼（p142）+ 红薯块 | 母乳 / 配方奶 | 无 |
| 第 3 天 | 母乳 / 配方奶 | 母乳 / 配方奶 | 洋葱肉末鸡蛋饼（p143） | 火龙果丁 + 母乳 / 配方奶 | 包菜牛肉卷（p144）+ 紫薯条 | 母乳 / 配方奶 | 无 |
| 第 4 天 | 母乳 / 配方奶 | 母乳 / 配方奶 | 菠菜虾仁鸡蛋烂面（p145） | 香蕉条 + 母乳 / 配方奶 | 蒸红薯 + 自制牛肉肠（p145）+ 西芹炒木耳（p146） | 母乳 / 配方奶 | 无 |

续表

| 天　数 | 7:00<br>第 1 次奶 | 10:00<br>第 2 次奶 | 12:00<br>第 1 餐 | 15:00<br>加餐 +<br>第 3 次奶 | 18:00<br>第 2 餐 | 21:00<br>第 4 次奶 | 夜间<br>第 5 次奶 |
|---|---|---|---|---|---|---|---|
| 第 5 天 | 母乳 / 配方奶 | 母乳 / 配方奶 | 菠菜炒蛋（p146）+ 馒头片 | 草莓条 + 母乳 / 配方奶 | 芹菜胡萝卜瘦肉粥（p147）+ 清水小河虾（p147） | 母乳 / 配方奶 | 无 |
| 第 6 天 | 母乳 / 配方奶 | 母乳 / 配方奶 | 彩椒粒龙利鱼柳烂面（p148） | 香蕉条 + 母乳 / 配方奶 | 小米发糕（p120）+ 洋葱肉末蒸蛋羹（p149） | 母乳 / 配方奶 | 无 |
| 第 7 天 | 母乳 / 配方奶 | 母乳 / 配方奶 | 南瓜小米粥 + 香菇炒蛋 | 豆干条 + 母乳 / 配方奶 | 番茄肉末荷兰豆意大利面（p149） | 母乳 / 配方奶 | 无 |

本阶段每日食谱中的食物种类均超过了 10 种，一周食谱中的食物种类超过了 30 种。宝宝的饮食应该注重优质蛋白质的摄入，建议每天吃 1 个鸡蛋，1 ~ 2 种畜禽肉类和水产类。蔬菜的摄入种类也要逐渐增加，本阶段新添加了一些叶菜和菌藻类，进一步丰富了宝宝摄入的食物种类。

# 10 月龄宝宝辅食制作方法

## 番茄口蘑虾仁意大利面

预计制作时间 25 min

### 原料

蝴蝶意大利面 25 g、番茄 50 g、口蘑 2 个、虾仁 25 g。

### 制作方法

1. 提前 1 h 将意大利面浸泡于温水中，然后煮 10 min，捞出备用。
2. 将番茄去皮后切丁，口蘑洗净后切丁，虾仁解冻后切丁备用。
3. 将番茄丁、口蘑丁和虾仁丁焯水断生，捞出放在意大利面上即可。

## 自制猪肉肠

预计制作时间 25 min

### 原料

猪里脊 200 g、淀粉 1 勺、鸡蛋 1 个、姜和小葱适量、食用油少许。

### 制作方法

1. 提前将姜切片，用温水浸泡，取姜水备用。小葱洗净后切成葱花备用，取一个鸡蛋分离出蛋清。
2. 将猪里脊洗净后切成小块，和蛋清、葱花、淀粉一起放入料理机，加入适量姜水打成细腻的肉泥。
3. 模具表面刷点油，取适量肉泥放入模具，表面抹平后放入蒸锅，水开后中火蒸 20 min 即可（没有香肠模具的话，可以用耐热保鲜膜将肉泥像小糖果一样卷起来）。

## 双菇油菜芋头粥

预计制作时间 45 min

### 原料

油菜 50 g、口蘑 1 个、香菇 1 个、芋头 2 ~ 3 个、小葱适量、食用油适量。

### 制作方法

1. 将芋头洗干净，带皮上锅蒸 15 ~ 20 min，蒸至筷子可以轻松穿透芋头即可。
2. 将蒸好的芋头剥皮，再用勺子碾碎成带颗粒的芋泥。
3. 将油菜、口蘑、香菇清洗干净，切成 1 cm 左右的小丁，小葱切碎备用。
4. 锅中倒入适量食用油，加入口蘑丁、香菇丁和葱花，炒到出汁水。
5. 锅中加入芋泥和适量水，小火炖煮 10 min。
6. 待汤汁浓稠，加入油菜煮至变软，盛出即可。

扫一扫
看视频

## 香菇牛肉糜蛋花粥

预计制作时间 40 min

### 原料

大米 25 g、香菇 2 个、牛肉糜 25 g、鸡蛋 1 个。

### 制作方法

1. 提前将大米和水按 1 ∶ 6 的比例煮成粥。
2. 将香菇洗净切碎，鸡蛋打散备用。
3. 将香菇碎和牛肉糜放入粥里，可根据实际需要加少量水，小火煮 8 min。将蛋液缓缓倒入锅内，边倒边搅拌，再次沸腾后即可盛出。

注：制作视频可参考第 102 页“白萝卜牛肉糜蛋花粥”。

### 丁妈辅食课堂

**肉丸和肉肠的万能制作公式**

肉丸和肉肠不仅含有丰富的蛋白质，还能够锻炼宝宝手眼协调能力，提高宝宝吃饭兴趣的手指食物。

**肉丸和肉肠的万能制作公式 = 肉类 + 增稠成分 + 配料**

肉类：猪肉、牛肉、鸡肉、虾肉等。

增稠成分：淀粉、蛋清等。

配料：蔬菜类，如白菜、香菇等。如果想让肉丸和肉肠的口味更好，还可以加一些葱姜水去腥。

## 莲藕猪肉小饼

预计制作时间 30 min

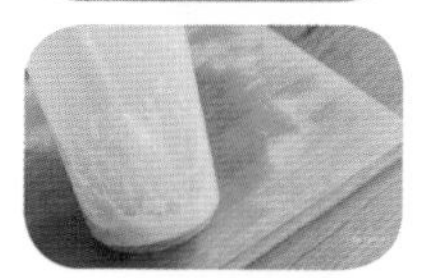

### 原料

莲藕 50 g、猪肉糜 100 g、芹菜茎 30 g、葱花适量。

### 制作方法

1. 将莲藕冲洗干净后去皮切成小块，芹菜茎冲洗干净切成小段备用。
2. 将所有食物放入料理机，加入适量水搅打成泥。
3. 蒸锅中烧水，在蒸盘上铺上油纸，取适量肉泥压扁后放置在油纸上。
4. 上汽后蒸 10 ~ 15 min 即可。

## 洋葱肉末鸡蛋饼

预计制作时间 20 min

### 原料

鸡蛋 1 个、猪肉糜 25 g、洋葱 25 g、面粉 15 g、食用油少许。

### 制作方法

1. 将洋葱切粒，和猪肉糜、打散的鸡蛋、面粉混合，搅拌成面糊备用。
2. 将锅烧热，涂抹一层薄薄的食用油，舀一勺面糊放入锅内，将其摊平，煎至两面金黄即可盛出。

注：制作视频可参考第 118 页“菠菜肉末鸡蛋饼”。

### 丁妈辅食课堂

**饼类的万能制作公式**

**饼类的万能制作公式：粉类 + 液体 + 配料 = 饼**

粉类：面粉、粗粮粉等，粉的比例不要低于 40%。

液体：奶、水、蛋液等。

配料：肉类（猪肉、牛肉、虾仁等）、蔬菜（菠菜、大白菜、油菜、土豆、红薯、莲藕、香菇等）。

如果想让饼的味道更好，还可以加一些葱、天然的淡虾皮、天然的海苔粉等。

## 包菜牛肉卷

预计制作时间 20 min

### 原料

卷心菜 50 g、牛肉糜 25 g、胡萝卜 15 g、青椒 20 g、鸡蛋 1 个。

### 制作方法

1. 将整片卷心菜焯水断生，捞出后一切为二，取出中间口感较硬的部分。取 1 个鸡蛋分离出蛋清备用。
2. 将胡萝卜和青椒切粒，然后与牛肉糜和蛋清混合，顺着一个方向搅拌上劲，制成馅料。
3. 将馅料铺在卷心菜上，然后卷起来。
4. 将牛肉卷放入蒸锅，上汽后蒸 10 min 即可。给宝宝食用时可剪成小段。

## 菠菜虾仁鸡蛋烂面 预计制作时间 20 min

### 原料

低钠面 25 g、菠菜 50 g、虾仁 25 g、鸡蛋 1 个。

### 制作方法

1. 将菠菜洗净后焯水断生，捞出后沥干水分，切成小段备用。
2. 将虾仁解冻后切丁，焯水断生后捞出备用。鸡蛋打散备用。
3. 将低钠面煮熟，放入菠菜、虾仁再煮 1 min。
4. 将蛋液缓缓倒入锅内，边倒边搅拌，再次煮沸即可出锅。

## 自制牛肉肠 预计制作时间 25 min

### 原料

牛腿肉 200 g、鸡蛋 1 个、淀粉 1 勺、食用油少许、姜和洋葱适量。

### 制作方法

1. 提前将姜切片，用适量水浸泡，取姜水备用。将洋葱切丁，取 1 个鸡蛋分离出蛋清备用。
2. 将牛腿肉切小块，和蛋清、淀粉、洋葱一起倒入料理机，加入适量姜水，打成细腻的肉泥。

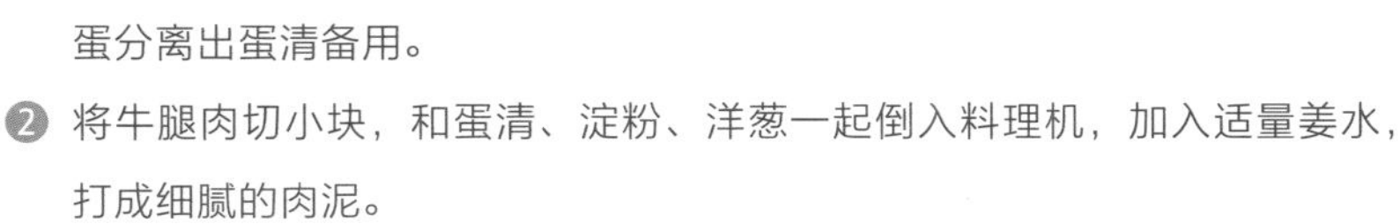

3. 模具表面刷点油，取适量肉泥放入模具中，表面抹平后放入蒸锅，水开后中火蒸 15 min 即可。

注：制作视频可参考第 139 页“自制猪肉肠”。

## 西芹炒木耳

预计制作时间 15 min

### 原料

西芹 25 g、黑木耳 2 朵、食用油少许。

### 制作方法

1. 提前泡发黑木耳，将泡发好的黑木耳切丁备用。
2. 将西芹洗净，去筋后切丁备用。
3. 将西芹丁和黑木耳丁焯水断生后捞出。
4. 锅中加少许食用油，将焯水后的食物放入锅中，快速翻炒 1 min 即可。

扫一扫
看视频

## 菠菜炒蛋

预计制作时间 15 min

### 原料

鸡蛋 1 个、菠菜 50 g、无盐海苔碎 1 勺、食用油少许。

### 制作方法

1. 将菠菜洗净后焯水断生，捞出后切小段备用，鸡蛋打散备用。
2. 将锅烧热，涂抹一层薄薄的食用油，倒入蛋液，将其摊平，均匀倒入菠菜，待蛋液稍微凝固后，翻炒成小块状。
3. 出锅前可撒入少量无盐海苔碎来增加风味。

扫一扫
看视频

## 芹菜胡萝卜瘦肉粥

预计制作时间 40 min

### 原料

大米 25 g、芹菜 50 g、胡萝卜 50 g、猪肉糜 20 g。

### 制作方法

❶ 提前将大米和水按 1 ： 6 的比例煮成粥。

❷ 将芹菜洗净后焯水，捞出切丁备用，胡萝卜洗净去皮后切末备用。

❸ 将芹菜丁、胡萝卜末和猪肉糜倒入煮好的粥里，加适量水搅拌均匀后再煮 5 min 即可。

注：制作视频可参考第 84 页“油菜胡萝卜牛肉粥”。

## 清水小河虾

预计制作时间 15 min

### 原料

小河虾 50 g、姜 1 块、小葱 1 根。

### 制作方法

❶ 将姜切片，小葱切段。

❷ 起锅烧水，水开后放入姜片和葱段，再次煮沸时倒入小河虾。

❸ 煮沸后再煮 1 min 即可。

## 彩椒粒龙利鱼柳烂面

预计制作时间 25 min

### 原料

低钠面 25 g、彩椒 50 g、龙利鱼 25 g、食用油少许。

### 制作方法

❶ 将提前解冻好的龙利鱼柳切成小块备用。将彩椒洗净切粒，焯水断生后捞出备用。

❷ 将锅烧热，涂抹一层薄薄的食用油，倒入彩椒粒和鱼块，小火炒熟。

❸ 将低钠面煮熟后捞出，盛入碗中，再将彩椒粒和鱼块放在面上即可。

## 洋葱肉末蒸蛋羹

预计制作时间 20 min

### 原料

鸡蛋 1 个、洋葱 50 g、猪肉糜 25 g、水适量。

### 制作方法

❶ 将鸡蛋打散成蛋液，洋葱切粒备用。

❷ 将洋葱粒、猪肉糜和蛋液混合，加入 2 倍于蛋液体积的水，搅拌均匀。

❸ 将盛有蛋液的碗放入蒸锅，上汽后用中大火蒸 10 min 即可。

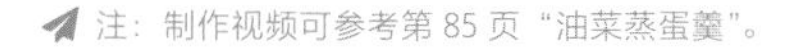

注：制作视频可参考第 85 页“油菜蒸蛋羹”。

## 番茄肉末荷兰豆意大利面

预计制作时间 25 min

### 原料

意大利面 25 g、番茄 1/2 个、猪肉糜 25 g、荷兰豆 20 g、食用油少许。

### 制作方法

❶ 将意大利面剪成小段后浸泡在温水中至变色，通常几分钟就可以了。

❷ 将番茄去皮后切丁备用，荷兰豆洗净后焯水断生，捞出后切粒备用。

❸ 将意大利面煮 10 min，同时将番茄丁、猪肉糜和荷兰豆粒用少许食用油炒熟，制作成意大利面的酱料。

❹ 把煮好的意大利面捞出，盛入碗中，将酱料铺在意大利面上即可。

## 妈咪问，丁妈答

**Q：宝宝偶尔几天都不排便，是便秘的表现吗？辅食上应该注意什么呢？**

A：要判断宝宝是否便秘，首先要看大便是否干结，其次要看宝宝排便的时候是否痛苦，只有同时符合这两条才算是便秘。

在宝宝10月龄时，依然需要注意辅食的能量密度，不要吃太稀的食物，适当增加动物性食物的摄入。如果新添加某种食物后，宝宝出现了便秘，可能是因为宝宝的肠胃正处于适应期，你可以过两天再加一次这种食物，观察宝宝大便的性状和排便的情况。如果两三天才排便一次的话，就不是过敏引起的，不需要停辅食。

日常可以多给宝宝吃一些富含膳食纤维的蔬菜，比如芹菜、菌菇类，或者润肠通便的水果，比如草莓、猕猴桃、火龙果等带籽的水果，同时要保证每天的喝奶量，适当喝水，养成规律排便的好习惯，这都有利于顺畅排便。

**Q：宝宝快10月龄了，如果给宝宝吃肉丁，宝宝咀嚼得不完全，如果给宝宝吃肉泥，又不能锻炼宝宝的咀嚼能力，该怎么办呢？**

A：10月龄的宝宝可以尝试吃肉丁了，但如果宝宝比较排斥，可以在处理方法上下功夫。可以把切好的肉丁用蛋清上浆，再加适量的食用油搅拌均匀再烹调，这样处理后的肉会比较嫩，适合宝宝咀嚼。在选择肉类部位的时候，也建议选择质地稍微嫩一点的里脊和腿肉。

**Q：10个半月的宝宝特别喜欢用手抓食物吃，不喜欢我们用勺子喂**

他，总是把桌子、衣服、地面弄得一塌糊涂，该怎么办呢？

A：你可以在饮食中给宝宝多安排一些不易洒落的手指食物，比如发糕、小饼、蔬菜条、水果块等，这些食物相互搭配也可以组成营养均衡的一餐。家长只需要记住在搭配的时候提供 1 ~ 2 种不同种类的食物，尽量选择不同颜色的食物，让宝宝可以自由挑选。用手拿着吃的过程也是提升抓握能力的过程。

Q：**宝宝太爱喝母乳了，对辅食不感兴趣怎么办？**

A：对于 10 月龄的宝宝来说，虽然母乳仍然是主要的营养来源，但是辅食的重要性也不容忽视。尤其是母乳中的铁、锌等营养素的含量远远不够维持宝宝正常的生长发育。因此，家长应该坚持提供丰富、均衡、适合宝宝月龄的辅食，通过变换口味、形式等方法，增加宝宝吃辅食的兴趣。同时，建议家长和宝宝一起就餐，营造良好的就餐氛围。

# 11月龄 每天可以安排三次辅食啦

## 11 月龄宝宝的标准身长和体重

关于 11 月龄宝宝的标准身长和体重，大家可以参考表 6.4。如果出现了明显的偏差，建议家长带宝宝及时就医，请医生对宝宝进行检查和评估。

表 6.4　11 月龄宝宝的标准身长和体重

| 性别 | 身长（cm） | 体重（kg） |
|---|---|---|
| 女 | 68.0 ~ 77.5 | 7.0 ~ 11.0 |
| 男 | 70.2 ~ 78.9 | 7.7 ~ 11.5 |

## 11 月龄宝宝辅食喂养原则

### ◎ 保证谷薯杂豆类的摄入量

宝宝每餐需要吃够有一定能量密度的谷薯杂豆类食物，保证能量摄入。

### ◎ 继续提供手指食物，鼓励自主进食

手指食物可以帮助锻炼宝宝自主进食能力。随着宝宝咀嚼能力的提高，

手指食物可以从一开始的软烂易咀嚼的食物，过渡到需要嚼一嚼的面包片、馒头片、虾仁、鸡肉块等。

### ◎ 保证每餐搭配均衡

不建议某一餐只有谷薯杂豆类或是只有动物性食物。尽量保证每餐有 1 种谷薯杂豆类，1 ~ 2 种蔬菜类，1 种畜肉、禽肉或水产类。

## 适合 11 月龄宝宝的辅食性状和每日辅食总量参考

### ◎ 适合 11 月龄宝宝的辅食性状

小块状、条状、片状。

### ◎ 每日奶和辅食的摄入量参考

宝宝每天吃辅食正餐的次数可以由 2 次增加到 3 次，并在下午安排 1 次加餐，喝奶 3 ~ 4 次。每日奶和辅食的具体摄入量可以参考表 6.5。

表 6.5　11 月龄宝宝每日奶和辅食的具体摄入量

| 类别 | 食用量和适合的性状 |
| --- | --- |
| 奶类 | 600 mL 左右 |
| 谷薯杂豆类 | 50 ~ 75 g（5 ~ 7.5 勺粥、碎面、颗粒面，3 ~ 5 根手指粗细和长度的薯类切条） |
| 畜禽肉类和水产类 | 50 g（5 勺肉末、小肉丁、肉丝） |
| 蛋类 | 全蛋 1 个 |
| 蔬菜类 | 50 ~ 100 g（5 ~ 10 勺菜丁、菜条） |
| 水果类 | 50 ~ 100 g（5 ~ 10 勺水果大颗粒、3 ~ 6 根手指粗细和长度的水果条） |

续表

| 类别 | 食用量和适合的性状 |
|---|---|
| 食用油 | 如果宝宝动物性食物摄入不足，可根据烹调方式添加 5 ~ 10 g（不超过 1 勺）食用油 |
| 食盐 | 不加 |

注：这里的以“g”为单位的重量均为食物的生重，而不是做熟以后的重量。这里的“勺”指家里常用的白瓷勺，以“勺”为单位的量是辅食做熟之后的量。

## 11 月龄宝宝添加辅食的注意事项

### ◎ 养成良好的进食习惯

从吃辅食开始，就应该培养宝宝良好的进食习惯。比如，每餐都要坐餐椅，吃饭的时候要专注，不玩玩具、不看手机、不看电视等。这个年龄段的宝宝，边吃边玩食物也是正常的，可以继续给宝宝提供大小、软硬合适的手指食物。

### ◎ 定期监测宝宝的身长、体重

适度、平稳地发育是最理想的情况。家长可以对照各月龄宝宝的身高体重标准值，监测自家宝宝的生长发育情况。

### ◎ 学会阅读营养标签和配料表

家长应该学会阅读食品标签和配料表，这样可以了解市售辅食的成分和各种营养素的含量，以及是否含有不适合宝宝的添加物。

## 11 月龄宝宝辅食餐单

11 月龄宝宝的辅食安排示例如表 6.6 所示。

表 6.6　11 月龄宝宝辅食安排示例表

| 天　数 | 7:00 第 1 餐 | 10:00 第 1 次奶 | 12:00 第 2 餐 | 15:00 加餐 + 第 2 次奶 | 18:00 第 3 餐 | 21:00 第 3 次奶 | 夜间 第 4 次奶 |
|---|---|---|---|---|---|---|---|
| 第 1 天 | 白菜肉末香菇软饭（p157） | 母乳 / 配方奶 | 土豆条 + 彩椒炒猪肝（p156） | 苹果条 + 母乳 / 配方奶 | 番茄冬瓜虾仁鸡蛋烩面（p160） | 母乳 / 配方奶 | 无 |
| 第 2 天 | 小米南瓜粥 + 芦笋炒蛋（p158） | 母乳 / 配方奶 | 番茄牛肉饭团（p159） | 橙子片 + 母乳 / 配方奶 | 西蓝花土豆鸡肉面（p160） | 母乳 / 配方奶 | 无 |
| 第 3 天 | 菠菜鸡蛋饼（p161）+ 草莓 | 母乳 / 配方奶 | 冬瓜白菜肉丸汤（p162）+ 馒头片 | 香蕉片 + 母乳 / 配方奶 | 奶香三文鱼南瓜烩饭（p163） | 母乳 / 配方奶 | 无 |
| 第 4 天 | 南瓜水铺蛋 + 黄瓜条 | 母乳 / 配方奶 | 菜心香菇牛肉烩饭（p164） | 西瓜块 + 母乳 / 配方奶 | 白菜肉丝香菇面（p161） | 母乳 / 配方奶 | 无 |
| 第 5 天 | 面包条 + 洋葱炒蛋 | 母乳 / 配方奶 | 冬瓜香菇鸡丁面（p165） | 酸奶小溶豆 + 芒果片 + 母乳 / 配方奶 | 芦笋牛肉丁烩饭（p166） | 母乳 / 配方奶 | 无 |
| 第 6 天 | 红豆红薯羹（p166）+ 香菇炒蛋 | 母乳 / 配方奶 | 猪肉刀豆小饺子（p167） | 小番茄 + 母乳 / 配方奶 | 白菜虾仁面（p168） | 母乳 / 配方奶 | 无 |
| 第 7 天 | 宝宝美龄粥（p169）+ 奶香炒蛋（p170） | 母乳 / 配方奶 | 番茄笋丝肉丁烩饭（p168） | 火龙果条 + 母乳 / 配方奶 | 油菜猪肉小馄饨（p170） | 母乳 / 配方奶 | 无 |

本阶段每日食谱中的食物种类均超过了12种，一周食谱中的食物种类超过了40种。从11月龄开始增加了早餐，也就是变为一日三餐的进食频次。本阶段的主食和蔬菜种类明显增加，可以通过丰富的配菜，新的烹调方式，让宝宝的饮食更加均衡。

## 11月龄宝宝辅食制作方法

### 彩椒炒猪肝

预计制作时间 25 min

#### 原料

猪肝25 g、彩椒50 g、姜1块、食用油少许。

#### 制作方法

1. 将姜切片后浸泡于清水中，取姜水备用。
2. 将猪肝冲洗后切片，在姜水中浸泡15 min后切条备用。
3. 将彩椒洗净后切条，焯水断生，捞出备用。
4. 将锅烧热后，涂抹一层薄薄的食用油，然后将猪肝条和彩椒条放入锅内，翻炒至猪肝变色，然后再翻炒2 min，确保猪肝全熟。

## 白菜肉末香菇软饭

预计制作时间 30 min

### 原料

大白菜 50 g、米饭 25 g、猪肉糜 25 g、香菇 1 个、食用油少许。

### 制作方法

1. 大米淘洗后，加入 4 倍的水，放入电饭煲煮成软饭。
2. 将香菇、大白菜洗净切末，猪肉糜提前解冻。
3. 在锅中倒入适量食用油，加入猪肉糜，翻炒至略微变色，再加入大白菜末和香菇末，翻炒均匀后盛出。
4. 在煮好的软饭中加入炒好的猪肉、大白菜、香菇，拌匀即可。

## 芦笋炒蛋

预计制作时间 10 min

### 原料

鸡蛋 1 个、芦笋 50 g、食用油少许。

### 制作方法

1. 将芦笋洗净后焯水断生，捞出后切碎。
2. 将鸡蛋打散成蛋液备用。
3. 将锅烧热后，涂抹一层薄薄的食用油，倒入蛋液，将其摊平，再将芦笋均匀倒入锅内。
4. 待蛋液稍微凝固后，翻炒成小块即可。

扫一扫
看视频

## 番茄牛肉饭团

预计制作时间 20 min

### 原料

米饭 50 g、牛腿肉 25 g、番茄 1/2 个、香菇 1 个、鸡蛋 1 个、食用油少许。

### 制作方法

1. 提前准备好熟米饭，将香菇洗净后切成小块备用。
2. 将番茄去皮切块，牛腿肉焯水后和香菇、番茄一起放入料理机，搅打成混合肉泥。
3. 锅中加少许食用油，倒入打散的鸡蛋，待蛋液稍许凝固后炒成小块备用。
4. 将混合肉泥炒熟，然后和炒蛋、米饭翻炒均匀。
5. 带上一次性手套将混合米饭捏成饭团的形状。

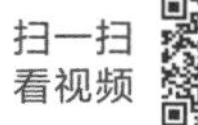

## 番茄冬瓜虾仁鸡蛋烩面

预计制作时间 15 min

### 原料

低钠面 25 g、番茄 1/2 个、冬瓜 50 g、虾仁 25 g、鸡蛋 1 个。

### 制作方法

❶ 将番茄去皮后切丁，冬瓜去皮后切丁，虾仁解冻后切丁，鸡蛋打散备用。

❷ 将番茄丁、冬瓜丁和虾仁丁焯水断生后捞出备用。

❸ 煮低钠面，煮熟后放入焯过水的所有食物再煮 2 min，然后将蛋液缓缓倒入锅内，边倒边搅拌，再次煮沸即可盛出。

注：制作视频可参考第 124 页“番茄蛋花牛肉糜碎面”。

## 西蓝花土豆鸡肉面

预计制作时间 20 min

### 原料

低钠面 25 g、西蓝花 50 g、土豆 25 g、鸡腿肉 25 g。

### 制作方法

❶ 将西蓝花冲洗后掰成小朵，浸泡 15 min 后焯水断生，捞出后切成小块备用。

❷ 将土豆去皮切丁后煮熟备用。

❸ 将鸡腿肉切丝，焯水断生备用。

❹ 煮低钠面，煮熟后放入其他所有食物再煮 2 min 即可。

## 菠菜鸡蛋饼 预计制作时间 10 min

### 原料

鸡蛋 1 个、菠菜 50 g、面粉 25 g、食用油少许。

### 制作方法

1. 将鸡蛋打散，菠菜洗净切碎。
2. 将蛋液和菠菜加入面粉中，搅拌均匀。
3. 将锅烧热后，涂抹一层薄薄的食用油，然后倒入面糊，将其摊平，用小火将两面各煎 2 min。
4. 将菠菜鸡蛋饼盛出，切成小块即可。

注：制作视频可参考第 118 页“菠菜肉末鸡蛋饼”。

## 白菜肉丝香菇面 预计制作时间 15 min

### 原料

低钠面 25 g、大白菜 100 g、猪里脊 25 g、香菇 1/2 个。

### 制作方法

1. 将香菇洗净后切薄片，猪里脊切丝，大白菜洗净后焯水断生，然后切丝备用。
2. 煮低钠面，煮熟后放入所有食物再煮 8 min 即可。

## 冬瓜白菜肉丸汤

预计制作时间 15 min

### 原料

猪肉糜 25 g、大白菜 50 g、冬瓜 25 g、鸡蛋 1 个、虾皮适量。

### 制作方法

1. 将大白菜洗净后焯水断生，沥干水分后切碎备用。将冬瓜去皮后切条备用。
2. 取一个鸡蛋，分离出蛋清。
3. 将大白菜碎、猪肉糜和蛋清混合，搅拌上劲。
4. 锅内加水，水开后舀取一勺肉泥放入水中制成白菜猪肉丸，煮至浮起即可捞出。
5. 另烧一锅水，水开后放入肉丸、冬瓜和虾皮，煮沸后煮 5 min 即可。

## 奶香三文鱼南瓜烩饭

预计制作时间 20 min

### 原料

米饭 50 g、南瓜 25 g、胡萝卜 25 g、三文鱼 25 g、番茄 1/4 个、母乳或配方奶 50 mL。

### 制作方法

1. 将南瓜、胡萝卜去皮后切丁，三文鱼切丁。
2. 将番茄去皮后切小块备用。
3. 将胡萝卜丁和南瓜丁放入水中煮 5 min，煮软后捞出备用。
4. 将所有食物放入锅中，翻炒均匀，用小火焖 10 min 即可盛出。

注：制作视频可参考第 164 页“菜心香菇牛肉烩饭”。

## 菜心香菇牛肉烩饭

预计制作时间 20 min

### 原料

米饭 50 g、牛里脊 25 g、香菇 1/2 个、菜心 2 棵。

### 制作方法

❶ 将香菇洗净后切薄片，牛里脊切丝备用，菜心洗净后焯水断生，切成小块备用。

❷ 将所有食物放入锅中，倒入适量水，用小火焖 10 min 即可。

扫一扫
看视频

## 冬瓜香菇鸡丁面

预计制作时间 15 min

### 原料

低钠面 50 g、鸡腿肉 25 g、冬瓜 50 g、香菇 2 个，食用油少许、姜 5 片、葱 1 段。

### 制作方法

1. 提前将姜片和葱段泡在水中制成葱姜水。将鸡腿肉切丁，加入适量葱姜水，抓匀后静置一会儿。
2. 将冬瓜和香菇洗净后切丁备用。
3. 锅中倒入食用油，倒入香菇丁和鸡肉丁，煸炒至鸡肉表面略微变黄，盛出备用。
4. 锅中加水，水开后放入低钠面和冬瓜丁，小火煮沸后再煮 2 min 即可盛出。
5. 将炒好的香菇丁和鸡丁盖在面条上，想吃汤面的话加适量热水即可。

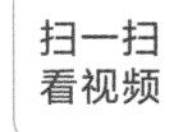

## 芦笋牛肉丁烩饭 预计制作时间 20 min

### 原料

米饭 50 g、芦笋嫩头 50 g、牛里脊 25 g、洋葱 50 g。

### 制作方法

1. 将芦笋嫩头洗净，焯水断生后切斜刀段备用。
2. 将洋葱切丝，牛里脊切丝备用。
3. 将所有食物放入锅中，倒入适量水，用小火焖 10 min 即可。

注：制作视频可参考第 164 页“菜心香菇牛肉烩饭”。

## 红豆红薯羹 预计制作时间 45 min

### 原料

红豆 15 g、红薯 50 g。

### 制作方法

1. 提前 1 小时将红豆浸泡于温水中。
2. 将红薯去皮切丁后放入蒸锅，上汽后蒸 15 min。
3. 将浸泡后的红豆放入锅中，加适量水用小火煮，煮沸后再煮 20 min，倒入蒸熟的红薯丁再煮 5 min 即可。

## 猪肉刀豆小饺子

预计制作时间 30 min

### 原料

面粉 25 g、温水 15 mL、刀豆 50 g、猪肉糜 25 g、鸡蛋 1 个。

### 制作方法

1. 将温水和面粉混合，搅成絮状，揉成面团。用湿润的纱布盖住面团，醒发 15 min。将面团揉成长条后切成小段，再擀成饺子皮备用。取 1 个鸡蛋分离出蛋清，取 1/2 蛋清备用。
2. 将刀豆洗净后焯水断生，然后切成小粒，将猪肉糜和蛋清混合后搅拌上劲，然后和刀豆粒混合，搅拌均匀备用。
3. 将饺子皮平铺在掌心，取 1 小勺馅料放在饺子皮中心，包成饺子。
4. 锅中加水，水开后下饺子，煮沸后加一次冷水，再次煮沸后即可捞出。

扫一扫
看视频

## 白菜虾仁面 预计制作时间 15 min

### 原料

低钠面 25g、大白菜 100g、虾仁 25g。

### 制作方法

1. 将大白菜洗净，焯水断生后切丝备用，虾仁解冻后切丁备用。
2. 煮低钠面，煮熟后将其他食物放入锅中，再煮 5min 即可。

## 番茄笋丝肉丁烩饭 预计制作时间 20 min

### 原料

米饭 50g、番茄 1/2 个、冬笋 50g、猪里脊 25g。

### 制作方法

1. 将番茄去皮后切丁，冬笋切丝后焯水断生，猪里脊切丝备用。
2. 将所有食物放入锅中，倒入适量水，用小火焖 10min 即可。

注：制作视频可参考第 164 页“菜心香菇牛肉烩饭”。

## 宝宝美龄粥

预计制作时间 25 min

### 原料

大米 20 g、糯米 20 g、黄豆 30 g、山药 30 g。

### 制作方法

❶ 将大米、糯米、黄豆淘洗后，分别放在冷水中浸泡过过夜。

❷ 用豆浆机将黄豆制成豆浆。将大米、糯米放于料理机中，加适量水打成米浆。

❸ 将山药洗净，切段后放入蒸锅蒸熟。

❹ 将蒸好的山药去皮，用研磨碗将山药碾成泥。

❺ 锅中倒入山药泥、米浆和豆浆，用小火慢慢煮，同时不停用勺子搅拌，以免粘锅。几十秒后粥就会慢慢变稠，直至没有颗粒感，盛出即可。

扫一扫
看视频

## 奶香炒蛋

预计制作时间 10 min

### 原料

鸡蛋 1 个、牛奶 20 mL、葱花适量、食用油少许。

### 制作方法

❶ 将鸡蛋打散，加入牛奶混合均匀。

❷ 将锅烧热，涂抹一层薄薄的食用油，倒入蛋液。

❸ 待蛋液稍微凝固后，翻炒成小块，盛出即可。

## 油菜猪肉小馄饨

预计制作时间 15 min

### 原料

馄饨皮若干张、鸡蛋 1 个、油菜 100 g、猪肉糜 50 g。

### 制作方法

❶ 将普通馄饨皮切成四份备用。

❷ 将油菜洗净，焯水断生后捞出，沥干水分后切成菜末。取 1 个鸡蛋分离出蛋清。将猪肉糜、蛋清、油菜末搅拌成馅料备用。

❸ 包好小馄饨，水开后下入馄饨，煮沸后加一次冷水，再次煮沸后即可捞出。

注：制作视频可参考第 213 页“鲜肉虾仁小馄饨”。

## 妈咪问，丁妈答

**Q：将近 11 月龄的宝宝忽然只喝配方奶，不吃辅食了，这是什么原因？如何解决呢？**

A：这个阶段的宝宝自主进食的意愿会进一步加强，他们想要自己吃饭。建议家长不要再喂宝宝了，可以多给宝宝提供一些手指食物，让他自己抓着吃，或者是给他一把小勺子，让他慢慢熟悉握勺子的感觉。

另外，家长要检查一下给宝宝准备的辅食性状是否合适。10 ~ 11 月龄的宝宝可能已经不喜欢吃软烂或者泥糊状的食物了，他们需要一些有嚼劲的食物，比如小肉丝、小肉丁或软饭。总的来说，让辅食性状符合宝宝的月龄，给宝宝准备一把小勺子或者是手指食物，会让宝宝对吃饭更感兴趣。

**Q：母乳喂养到 11 月龄的宝宝，需要补钙吗？需要补充 DHA 吗？**

A：无论用何种喂养方式，1 岁前只要能保证宝宝每天的喝奶量，每天补充 400 IU 的维生素 D，宝宝就不会缺钙，也不需要额外补钙。

宝宝也可以通过母乳和辅食摄入充足的 DHA。母乳中的 DHA 含量会受到妈妈饮食的影响，建议妈妈每周吃 2 ~ 3 次鱼虾，其中至少 1 次为富脂海鱼，每天吃 1 个全蛋，这样能保证母乳中 DHA 的含量。除了保证喝奶量，宝宝每周也要吃 2 ~ 3 次富含 DHA 的鱼虾，每天吃 1 个全蛋。如果宝宝不常吃鱼虾，可以给宝宝选择 DHA 补充剂，每天补充 100 mg 的 DHA。

**Q：辅食中可以添加儿童酱油吗？**

A：不建议 1 岁以内的宝宝食用任何形式的调味品，因为这不利于宝宝接受天然食物，形成清淡的口味。目前国家并没有出台针对儿童酱油的国标，儿童酱油的酿造大多参考的是酿造酱油的生产标准，因此营养上并没有优势，家长没必要多花冤枉钱。1 岁以后如果需要给宝宝添加酱油，可以选择特级酿造酱油，注意选择配料表中添加剂比较少、钠含量相对低的产品。

第七章

# 幼儿期饮食，和家人一起进餐

# 12～18月龄 开始练习用勺子啦

## 12 ～ 18 月龄宝宝的标准身长和体重

关于 12 ～ 18 月龄宝宝的标准身长和体重，大家可以参考表 7.1。如果出现了明显的偏差，家长可以带宝宝及时就医，请医生对宝宝进行检查和评估。

表 7.1　12 ～ 18 月龄宝宝的标准身长和体重

| 月龄 | 性别 | 身长（cm） | 体重（kg） |
|---|---|---|---|
| 12 月龄 | 女 | 69.2 ～ 78.9 | 7.1 ～ 11.3 |
| | 男 | 71.3 ～ 80.2 | 7.8 ～ 11.8 |
| 13 月龄 | 女 | 70.3 ～ 80.2 | 7.3 ～ 11.6 |
| | 男 | 72.4 ～ 81.5 | 8.0 ～ 12.1 |
| 14 月龄 | 女 | 71.3 ～ 81.4 | 7.5 ～ 11.9 |
| | 男 | 73.4 ～ 82.7 | 8.2 ～ 12.4 |
| 15 月龄 | 女 | 72.4 ～ 82.7 | 7.7 ～ 12.2 |
| | 男 | 74.4 ～ 83.9 | 8.4 ～ 12.7 |
| 16 月龄 | 女 | 73.3 ～ 83.9 | 7.8 ～ 12.5 |
| | 男 | 75.4 ～ 85.1 | 8.5 ～ 12.9 |

续表

| 月龄 | 性别 | 身长（cm） | 体重（kg） |
| --- | --- | --- | --- |
| 17 月龄 | 女 | 74.3 ~ 85.0 | 8.0 ~ 12.7 |
| | 男 | 76.3 ~ 86.2 | 8.7 ~ 13.2 |
| 18 月龄 | 女 | 75.2 ~ 86.2 | 8.2 ~ 13.0 |
| | 男 | 77.2 ~ 87.3 | 8.9 ~ 13.5 |

## 12 ~ 18 月龄宝宝辅食喂养原则

在 12 月龄以后，母乳以外的食物就不叫辅食了，这里为了方便阅读，仍然沿用这个叫法。

### ◎ 调整进餐时间，与家人共同进餐

对于满 1 岁的宝宝，吃饭时间应该尽量调整到与家人相同或相近。吃饭时宝宝仍然可以单独坐餐椅，但是要让宝宝与家人坐在同一张餐桌旁用餐。如果家人吃的食物清淡少盐、软硬适中，也可以让宝宝与家人吃一样的食物。

### ◎ 学习使用勺子

1 岁后的宝宝大多想要尝试抓着小勺自己吃饭，这正是鼓励宝宝练习用勺子的好时机。虽然宝宝一开始使用勺子时，舀起来的食物大部分会洒落，宝宝基本吃不到食物，但是宝宝会越做越好，家长也要保持耐心，给宝宝足够的鼓励。等到 18 月龄时，宝宝能吃到大约一半的食物。等到 24 月龄时，宝宝能比较熟练地用小勺独立吃饭了。

### ◎ 饮食要清淡

1 岁以后，宝宝的食物中可以适当添加一些调味品，但仍然要以清淡的

食物为主。在制作大人吃的食物时，也要尽量保持口味清淡，为宝宝融入家庭饮食做好铺垫。

### ◎ 丰富奶制品

宝宝在 1 岁以后可以少量尝试全脂奶、酸奶、奶酪等奶制品。酸奶要尽量选择无糖或低糖的产品，奶酪要选择天然低钠的产品。

## 适合 12 ～ 18 月龄宝宝的辅食性状和每日辅食总量参考

### ◎ 适合 12 ～ 18 月龄宝宝的辅食性状

小块状、条状、片状。

### ◎ 每日奶和辅食的摄入量参考

宝宝每天应该吃正餐 3 次，加餐 2 次，喝奶 2 ～ 3 次。每日奶和辅食的具体摄入量可以参考表 7.2。

表 7.2　12 ～ 18 月龄宝宝每日奶和辅食的具体摄入量

| 类别 | 食用量和适合的性状 |
|---|---|
| 奶类 | 500 mL 左右 |
| 谷薯杂豆类 | 50 ～ 100 g（5 ～ 10 勺软饭、细面等，3 ～ 6 根手指粗细和长度的薯类切条） |
| 畜禽肉类和水产类 | 50 ～ 75 g（5 ～ 7.5 勺肉丝、肉块） |
| 蛋类 | 全蛋 1 个 |
| 蔬菜类 | 50 ～ 150 g（5 ～ 15 勺菜条、菜块） |
| 水果类 | 50 ～ 150 g（5 ～ 15 勺软块水果、3 ～ 9 根手指粗细和长度的水果条） |

续表

| 类别 | 食用量和适合的性状 |
| --- | --- |
| 食用油 | 5 ~ 15 g（0.5 ~ 1.5 勺） |
| 食盐 | 0 ~ 1.5 g |

注：这里的以“g”为单位的重量均为食物的生重，而不是做熟以后的重量。这里的“勺”指家里常用的白瓷勺，以“勺”为单位的量是辅食做熟之后的量。

## 12 ~ 18 月龄宝宝添加辅食的注意事项

### ◎ 家庭饮食应保持清淡

添加辅食的最终目的是让宝宝的饮食模式逐渐转变直到与成年人一样，因此我们鼓励满 1 岁的宝宝尝试家庭食物，而不再为宝宝单独制作食物。但并不是所有的家庭食物都适合宝宝，不建议给宝宝吃腌制、卤制、重油、辛辣、高糖、高盐等有刺激性、重口味的食物。

### ◎ 宝宝食物可适当调味，食盐的添加并非越晚越好

宝宝满 1 岁后，食物中就可以加食盐了，建议选择含碘食盐，但是添加量不应过多，每天不超过 1.5 g。

### ◎ 避免给宝宝食用容易导致呛咳的食物

要注意宝宝的进食安全，避免给宝宝食用花生、腰果、果冻、糖果、多刺的鱼肉、含碎骨的肉类等食物。

## 12 ~ 18 月龄宝宝辅食餐单

12 ~ 18 月龄宝宝的辅食安排示例如表 7.3 所示。

表 7.3 12 ~ 18 月龄宝宝辅食安排示例表

| 天 数 | 7:00 第 1 餐 + 第 1 次奶 | 10:00 加餐 | 12:00 第 2 餐 | 15:00 加餐 + 第 2 次奶 | 18:00 第 3 餐 | 21:00 第 3 次奶 | 夜间 第 4 次奶 |
|---|---|---|---|---|---|---|---|
| 第 1 天 | 小米发糕（p120）+ 香菇蒸蛋羹（p180）+ 母乳 / 配方奶 / 牛奶 | 苹果条 | 番茄牛肉丝鸡毛菜面（p181） | 无糖米饼 + 母乳 / 配方奶 / 牛奶 | 红豆软饭（p181）+ 清蒸鲈鱼（p182）+ 冬瓜菜心豆腐汤（p183） | 母乳 / 配方奶 / 牛奶 | 无 |
| 第 2 天 | 小葱鸡蛋饼（p183）+ 黄瓜丝 + 母乳 / 配方奶 / 牛奶 | 梨块 | 荠菜猪肉大馄饨（p184） | 小豆干条 + 母乳 / 配方奶 / 牛奶 | 二米软饭（p184）+ 彩椒粒炒虾仁（p185）+ 丝瓜蛋花汤（p185） | 母乳 / 配方奶 / 牛奶 | 无 |
| 第 3 天 | 香煎萝卜糕（p186）+ 母乳 / 配方奶 / 牛奶 | 蓝莓 | 牛肉刀豆小饺子（p187） | 红枣红豆羹（p188）+ 母乳 / 配方奶 | 二米软饭（p184）+ 银鱼炒蛋（p189）+ 海带豆腐鸡毛菜汤（p189） | 母乳 / 配方奶 / 牛奶 | 无 |
| 第 4 天 | 黄瓜鸡蛋三明治（p190）+ 母乳 / 配方奶 / 牛奶 | 菠萝块 | 番茄肉末意大利面（p191）+ 水煮荷兰豆 | 苹果 + 母乳 / 配方奶 / 牛奶 | 莜面小鱼（p193）+ 花菜胡萝卜炒肉丝（p192）+ 糖醋鲳鱼（p194） | 母乳 / 配方奶 / 牛奶 | 无 |
| 第 5 天 | 香菇菜包 + 水铺蛋（p191）+ 母乳 / 配方奶 / 牛奶 | 樱桃 | 花生酱拌鸡丝豆芽凉面（p195）+ 紫菜蛋花汤 | 黑芝麻糊 + 母乳 / 配方奶 / 牛奶 | 二米软饭（p184）+ 虾皮拌豆腐（p192）+ 番茄猪肝汤（p196） | 母乳 / 配方奶 / 牛奶 | 无 |
| 第 6 天 | 紫薯发糕 + 香菇蒸蛋羹（p180）+ 母乳 / 配方奶 / 牛奶 | 梨块 | 包菜牛肉卷（p144）+ 菠菜鸭肉末面片（p197） | 绿豆薏米汤（p198）+ 母乳 / 配方奶 / 牛奶 | 软饭 + 白菜肉末炖粉条（p198）+ 荠菜鱼蓉豆腐汤（p199） | 母乳 / 配方奶 / 牛奶 | 无 |
| 第 7 天 | 香菇肉末小烧卖（p200）+ 洋葱炒蛋 + 母乳 / 配方奶 / 牛奶 | 菠萝块 | 鲜肉虾仁小馄饨（p201）+ 菠菜蛋花汤 | 奶酪棒 + 母乳 / 配方奶 / 牛奶 | 香菇鸡腿肉西蓝花盖饭（p199） | 母乳 / 配方奶 / 牛奶 | 无 |

本阶段每日食谱中的食物种类均超过了 12 种，一周食谱中的食物种类超过了 60 种。丰富的食物种类给家长提供了更多的搭配选择，烹调方式也更加多样。

## 12 ~ 18 月龄宝宝辅食制作方法

### 香菇蒸蛋羹

预计制作时间 20 min

原料

鸡蛋 1 个、香菇 1/2 个、水适量。

制作方法

❶ 将香菇洗净后切丁，鸡蛋打散备用。

❷ 将香菇丁和蛋液混合，加入 2 倍于蛋液体积的水，搅拌均匀。

❸ 将盛有蛋液的碗放入蒸锅，上汽后用中大火蒸 10 min 即可。

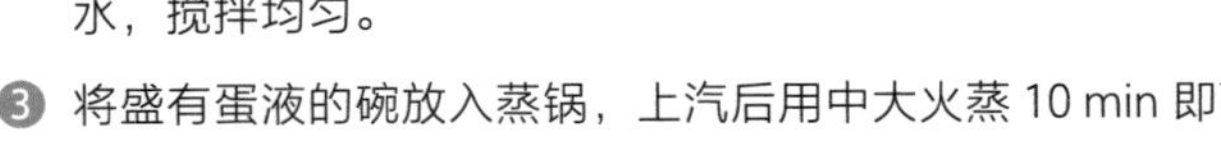

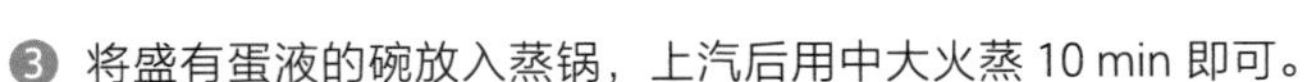

注：制作视频可参考第 85 页“油菜蒸蛋羹”。

## 番茄牛肉丝鸡毛菜面 预计制作时间 20 min

### 原料

挂面 35 g、番茄 1/2 个、牛里脊 35 g、鸡毛菜 50 g、食用油少许。

### 制作方法

1. 将番茄洗净去皮，切成薄片备用，牛里脊切丝备用，鸡毛菜洗净后焯水断生，切段备用。
2. 热锅冷油，将牛肉丝煸炒至发白后盛出，然后倒入番茄丁，煸炒至番茄丁部分出汁。
3. 锅中烧水，将挂面煮熟后捞出盛入碗中，将煸炒过的番茄丁、牛肉丝和焯过水的鸡毛菜段盖在面上即可。

## 红豆软饭 预计制作时间 30 min

### 原料

大米 25 g、红豆 15 g、水 140 mL。

### 制作方法

1. 提前将红豆浸泡于温水中。
2. 将红豆、大米和水加入电饭煲，煮成饭即可。

## 清蒸鲈鱼

预计制作时间 15 min

### 原料

鲈鱼片 80 g、姜和小葱少许、蒸鱼豉油少许。

### 制作方法

1. 将鲈鱼片洗净装盘。将小葱切段，姜切丝后盖在鱼肉上。
2. 蒸锅上汽后，放入鲈鱼片，用大火蒸 8 ～ 10 min，关火焖 2 min。
3. 取出后倒入少许蒸鱼豉油即可。

## 冬瓜菜心豆腐汤

预计制作时间 15 min

### 原料

冬瓜 50 g、菜心 3 棵、内酯豆腐 50 g。

### 制作方法

1. 将菜心洗净后焯水断生，然后切成小段备用。
2. 将冬瓜去皮后切薄片，豆腐切成小块。
3. 将冬瓜片和豆腐块加水一起放入锅内，水开后煮 5 min，然后倒入菜心再煮 2 min。

## 小葱鸡蛋饼

预计制作时间 10 min

### 原料

鸡蛋 1 个、面粉 25 g、小葱适量、食用油少许。

### 制作方法

1. 将鸡蛋打散，小葱洗净切成葱花。
2. 将蛋液、葱花和面粉混合，搅拌均匀。
3. 将锅烧热，涂抹一层薄薄的食用油，然后倒入面糊，将其摊平，用小火将两面各煎 2 min 即可盛出。
4. 将鸡蛋饼切片或剪小，让宝宝自行取食。

注：制作视频可参考第 118 页“菠菜肉末鸡蛋饼”。

## 荠菜猪肉大馄饨

预计制作时间 20 min

### 原料

馄饨皮 4 张、荠菜 75 g、猪肉糜 25 g、冬笋 25 g。

### 制作方法

❶ 将荠菜洗净后焯水断生，捞出沥干水分后切成碎末备用。

❷ 将冬笋切片后焯水断生，捞出切成碎末备用。

❸ 将荠菜末、冬笋末和猪肉糜搅拌均匀，制成馄饨馅，将馄饨包好。

❹ 水开后放入馄饨，煮沸后加一次冷水，再次煮沸后即可盛出。也可以一次多包一些馄饨，放入冷冻室保存，保存前要在馄饨表面撒一些干面粉。

## 二米软饭

预计制作时间 30 min

### 原料

大米 25 g、小米 10 g、水 120 mL。

### 制作方法

将大米和小米淘洗后捞出，放入电饭煲，加水一起煮成软饭。

## 彩椒粒炒虾仁 预计制作时间 10 min

### 原料

虾仁 25 g、彩椒 50 g、食用油少许、食盐少许。

### 制作方法

1. 将虾仁解冻后切丁备用。
2. 将彩椒洗净后焯水断生，切粒备用。
3. 热锅冷油，将虾仁丁和彩椒粒下锅快速翻炒 1 min，出锅前可酌情加食盐调味。

## 丝瓜蛋花汤 预计制作时间 15 min

### 原料

鸡蛋 1/2 个、丝瓜 50 g。

### 制作方法

1. 将丝瓜洗净后去皮，切成滚刀块备用。
2. 将鸡蛋打散备用。
3. 将丝瓜块放入锅里，加水没过食物，水开后再煮 5 min。然后将蛋液缓缓倒入锅内，边倒边搅拌成蛋花即可。

## 香煎萝卜糕

预计制作时间 35 min

### 原料

白萝卜 100 g、粘米粉 50 g、香菇 1/2 个、虾米适量、干贝 1 粒、食用油少许、蚝油少许。

### 制作方法

1. 将白萝卜去皮后切丝、香菇洗净后切丁，干贝泡发后撕成丝，虾米洗净后备用。
2. 热锅冷油，放入白萝卜丝炒出水分，然后再将其他食物倒入锅内，加少许蚝油翻炒均匀，盛出备用。
3. 将粘米粉倒入炒好的食物中，搅拌均匀后装入模具，蒸 20 min 左右，取出倒模切片即可。
4. 锅中加少许食用油，放入萝卜糕片，煎至两面金黄即可。

扫一扫
看视频

## 牛肉刀豆小饺子

预计制作时间 30 min

### 原料

面粉 25 g、温水 15 mL、刀豆 50 g、牛肉糜 25 g、鸡蛋 1 个。

### 制作方法

1. 将温水加入面粉中，搅成絮状，然后揉成面团，用湿润的纱布盖住面团醒发 15 min 左右。将面团揉成长条，切小段，再擀成饺子皮备用。
2. 取 1 个鸡蛋分离出蛋清，取 1/2 蛋清备用。将刀豆洗净，焯水断生后切成小粒，再与牛肉糜、蛋清混合后搅拌上劲。
3. 将饺子皮平铺在掌心，取 1 小勺馅料放在饺子皮中心，包成饺子状。
4. 锅中加水，水开后下入饺子，煮沸后加一次冷水，再次煮沸后即可捞出。

## 红枣红豆羹

预计制作时间 40 min

### 原料

红豆 15 g、红枣 3 粒、淀粉 1 勺。

### 制作方法

1. 提前 1 小时将红豆洗净浸泡于温水中。
2. 将红枣洗净去核后切片备用。
3. 用适量水将淀粉调成勾芡汁备用。
4. 将浸泡后的红豆放入锅中，加适量水煮沸，用小火煮 20 min 后放入红枣片再煮 10 min。出锅前将勾芡汁缓缓倒入，边倒边搅拌至汤汁浓稠即可。

提示：将红豆提前浸泡可以缩短其煮烂的时间。将焯过水的红豆放入冷冻室冷冻 1 ~ 8 h，可以进一步缩短时间，只需要 10 ~ 15 min 就可以把红豆煮烂。

## 银鱼炒蛋

预计制作时间 10 min

### 原料

小银鱼 25 g、鸡蛋 1 个、食用油适量。

### 制作方法

1. 将小银鱼解冻后沥干水分备用。
2. 将鸡蛋打散，加入少量水搅拌均匀，再将小银鱼倒入蛋液中混合均匀。
3. 热锅冷油，倒入蛋液快速翻炒成形即可。

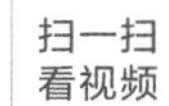

## 海带豆腐鸡毛菜汤

预计制作时间 10 min

### 原料

内酯豆腐 50 g、海带结 25 g、鸡毛菜 50 g、虾皮适量。

### 制作方法

1. 将鸡毛菜洗净后焯水断生，剪成小段备用，豆腐切成小块备用。
2. 将海带结洗净后放入锅中，加入豆腐块和水，用小火煮。
3. 煮沸后加入虾皮和鸡毛菜，再次煮沸后即可盛出。

## 黄瓜鸡蛋三明治

预计制作时间 10 min

### 原料

面包 2 片、黄瓜 1 段、鸡蛋 1 个、番茄 2 片、低钠奶酪 15 g、食用油少许。

### 制作方法

1. 将鸡蛋煎成荷包蛋后备用。
2. 将黄瓜切片，面包片切去四边后备用。
3. 平铺 1 片面包，依次摆放黄瓜片、番茄片、荷包蛋和奶酪，最后盖上 1 片面包，压紧实后沿对角线切开。

## 番茄肉末意大利面 预计制作时间 20 min

### 原料

意大利面 25 g、番茄 1/2 个、猪肉糜 25 g、洋葱 30 g、食用油适量。

### 制作方法

1. 将番茄划十字刀，用开水浸泡，去皮后切丁备用。
2. 将洋葱切末，猪肉糜提前解冻备用。
3. 将意大利面提前煮软，捞出备用。
4. 锅中倒入适量食用油，放入猪肉糜、番茄丁、洋葱末，翻炒至猪肉糜变色，番茄出汁，放入煮好的意大利面，翻炒均匀盛出即可。

## 水铺蛋 预计制作时间 10 min

### 原料

鸡蛋 1 个。

### 制作方法

锅中烧水，水开后转小火，将鸡蛋小心敲入，小火煮至凝固后再煮 3 min。

## 花菜胡萝卜炒肉丝 预计制作时间 25 min

### 原料

花菜 50 g、胡萝卜 25 g、猪里脊 25 g、食用油少许。

### 制作方法

1. 将花菜冲洗干净掰成小朵，然后浸泡 15 min。
2. 将胡萝卜切细条，猪里脊切丝备用。
3. 将花菜和胡萝卜焯水断生后捞出。
4. 热锅冷油，先煸炒肉丝至发白后盛出，然后倒入花菜和胡萝卜翻炒均匀，再将肉丝倒回锅内，加入适量热水焖 3 min 即可。

## 虾皮拌豆腐 预计制作时间 5 min

### 原料

内酯豆腐 100 g、虾皮 1 勺、香菜 1 根、生抽 1 勺。

### 制作方法

1. 提前将虾皮放入温水中浸泡。
2. 将内酯豆腐切小块后置于漏勺，放入开水中烫几秒后捞出装盘。香菜洗净后切成碎末，和虾皮一起均匀地撒入盘中。
3. 用适量温水稀释生抽，淋入盘中即可。

## 莜面小鱼

预计制作时间 15 min

### 原料

莜麦粉 35 g、开水 35 mL、口蘑 1 个、香菇 1/2 个、番茄 1/2 个。

### 制作方法

1. 将开水倒入莜麦粉中，用筷子搅拌成絮状，随后揉成光滑的面团。
2. 将面团擀成长条形并切成小段，揉成中间鼓起、两头尖尖，类似小鱼的形状。
3. 将口蘑和香菇切片，番茄去皮后切小块。将口蘑片、香菇片、番茄块放入锅中，加水烧开后煮成汤底备用。
4. 将莜面小鱼煮熟，捞出后放入汤底中即可。

## 糖醋鲳鱼

预计制作时间 15 min

### 原料

鲳鱼 1 条、葱姜蒜适量、水 4 勺、米醋 3 勺、白糖 10 g、生抽 1 勺、食用油少许。

### 制作方法

1. 将鲳鱼去除内脏并洗净，吸干表面水分后切花刀备用。
2. 将 4 勺水、3 勺米醋、10 g 白糖和 1 勺生抽混合，制成糖醋汁。
3. 将葱切段，姜切片，蒜瓣拍扁，然后将葱姜蒜和糖醋汁一起放入微波炉加热 1 min，制成糖醋鲳鱼的酱汁备用。
4. 将锅烧热，倒入适量食用油，用小火将鲳鱼煎至两面金黄。然后倒入酱汁，收汁至稍微浓稠即可。

扫一扫
看视频

## 花生酱拌鸡丝豆芽凉面

预计制作时间 20 min

### 原料

凉面 35 g、豆芽 50 g、鸡胸肉 35 g、花生酱 1 勺、生抽 1 勺。

### 制作方法

1. 将凉面煮熟后捞出，放入干净的冷水中备用。
2. 将豆芽洗净，焯水断生后捞出。
3. 将鸡胸肉煮熟，撕成鸡丝。
4. 将花生酱、生抽和适量热水搅拌均匀，制成凉面酱汁。
5. 将凉面从冷水中捞出，沥干水分后和鸡丝、豆芽混合，淋入酱汁搅拌均匀即可。

## 番茄猪肝汤

预计制作时间 20 min

### 原料

猪肝 25 g、番茄 1/2 个、黑木耳 1 朵、金针菇 1 小把、葱姜适量、食盐少许、食用油少许。

### 制作方法

1. 将猪肝洗净后切片，浸泡 15 min 去除血水。
2. 将浸泡后的猪肝捞出，切成细条备用。
3. 将番茄去皮后切小块，黑木耳泡发后切小块，金针菇焯水断生后切小段，将葱切成葱花，姜切片备用。
4. 热锅冷油，放入番茄块，煸炒至出汁，然后将其他食物一起放入锅内，加热水没过食物，用小火煮 10 min。出锅前撒入少许食盐即可。

## 菠菜鸭肉末面片

预计制作时间 15 min

### 原料

饺子皮 50 g、菠菜 75 g、鸭胸肉 25 g、姜 3 片。

### 制作方法

❶ 将菠菜洗净后焯水断生，捞出后剪成小段，盛入碗中。

❷ 将饺子皮切成小块，煮熟后捞出盛入碗中。

❸ 将鸭胸肉切片，和姜片一起放入水中煮熟，捞出后切成肉末，盛入碗中。

❹ 可酌情加少许食盐调味。

## 绿豆薏米汤

预计制作时间 25 min

### 原料

绿豆 15 g、薏米 10 g、冰糖 2 g。

### 制作方法

1. 提前将绿豆和薏米浸泡过夜。
2. 将绿豆和薏米捞出后放入锅中，加入适量水，煮沸后继续煮 20 min 即可。
3. 出锅前可加入适量冰糖调味。

## 白菜肉末炖粉条

预计制作时间 15 min

### 原料

粉条 15 g、大白菜 50 g、猪肉糜 25 g。

### 制作方法

1. 将粉条提前用温水浸泡，然后煮软。
2. 将大白菜洗净，焯水断生后捞出，切丝备用。
3. 将白菜丝、粉条和猪肉糜一起炖煮 10 min 即可。

## 荠菜鱼蓉豆腐汤 预计制作时间 15 min

### 原料

内酯豆腐 50 g、荠菜 50 g、龙利鱼 25 g。

### 制作方法

❶ 将荠菜洗净，焯水断生后切末备用。

❷ 将龙利鱼柳切丁备用。

❸ 将豆腐切成小块后放入锅中，加水没过豆腐，再将龙利鱼丁放入锅内，煮沸后继续煮 5 min，然后放入荠菜末，煮沸后再煮 1 min 即可。

## 香菇鸡腿肉西蓝花盖饭 预计制作时间 35 min

### 原料

米饭 50 g、香菇 1/2 个、鸡腿肉 25 g、西蓝花 50 g、海苔碎 1 勺。

### 制作方法

❶ 将西蓝花冲洗干净后掰成小朵，浸泡 15 min 后焯水断生，切碎备用。

❷ 将香菇洗净后切粒，鸡腿肉切成小块备用。

❸ 将米饭倒入锅内，西蓝花、鸡腿肉和香菇盖在米饭表面，倒入适量水焖煮 15 min 后放入海苔碎，再焖 2 min 即可。

## 香菇肉末小烧卖

### 原料

面粉 20 g、糯米 20 g、猪肉糜 15 g、香菇 1/2 个、生抽少许。

### 制作方法

❶ 提前将糯米浸泡过夜。

❷ 将面粉和水混合，揉成光滑的面团，擀成条形后切成小段。按照本食谱的量，面团可切成 2 份，然后擀成圆形烧卖皮。

❸ 将香菇洗净后切末，然后和猪肉糜、浸泡后的糯米一起炒熟，制成烧卖馅料，可加入少许生抽调味。

❹ 取馅料放在烧卖皮中心，用虎口将烧卖皮捏起来，压紧实。将包好的烧卖放入蒸锅，上汽后蒸 10 min 即可。

## 鲜肉虾仁小馄饨

预计制作时间 15 min

### 原料

馄饨皮若干张、鸡蛋1个、猪肉糜50g、虾仁50g、葱花和姜末适量、白胡椒粉和食盐适量。

### 制作方法

1. 将普通馄饨皮切成四份，取1个鸡蛋分离出蛋清。
2. 将虾仁切碎，与猪肉糜混合均匀，加入葱花和姜末搅拌均匀。
3. 加入蛋清、适量白胡椒粉、食盐，搅拌均匀。
4. 包好小馄饨，待水开后放入馄饨，煮沸后加一次冷水，再次煮沸即可捞出。

## 妈咪问，丁妈答

**Q：宝宝刚满1岁，现在他主要是吃辅食，喝奶量越来越少了，这正常吗？**

A：1岁以后，母乳和配方奶以外的食物就不应该被称为辅食了。现在宝宝的饮食以三餐为主，奶类为辅，再搭配两顿点心或加餐，这种模式也叫“三餐两点”。对于1岁以上的宝宝，应该按照大人的作息时间来安排三餐两点，每天保证400～500 mL的喝奶量就够了，喝太多奶反而会影响其他食物的摄入。

在这个阶段，奶类的主要作用是提供优质蛋白质和钙，除了母乳和配方奶，宝宝还可以少量尝试无糖酸奶或者纯牛奶，也可以在制作宝宝餐时加一些天然奶酪，比如做焗饭、焗面的时候。奶酪中的钙含量非常丰富，注意选择钙含量高，钠含量低的奶酪。

**Q：一定要给宝宝提供加餐吗？加餐安排在什么时间比较合适？**

A：宝宝在学会爬和走之后，日常的活动范围会扩大，每天消耗的能量也在逐渐增加。但是宝宝的胃容量很有限，每一餐能够摄入的营养也有限，因此需要通过加餐来获得三餐以外的营养，建议1岁后的宝宝可以在两顿正餐之间安排加餐。加餐应该尽量选择天然食物，最好是正餐中缺少或者摄入不足的食物，比如水果类、蔬菜类、薯类、豆类、奶类等。加餐的量不要太多，不要影响宝宝吃正餐的量。

**Q：什么时候可以在宝宝的食物中加食盐和糖？如何丰富辅食的味道呢？**

**A：** 宝宝在 1 岁后可以和家人一起用餐，也可以尝试少量的调味品，比如食盐和糖。但是调味品不是必须添加的，饮食依然要清淡。1 ~ 2 岁的宝宝每天食盐的摄入量建议控制在 1.5 g 以内，2 ~ 3 岁的宝宝建议控制在 2 g 以内。日常可以多给宝宝准备一些本身就有味道的食物，以减少调味品的使用，如番茄、红薯、紫薯、香蕉、彩椒、红枣等。

# 18～24月龄 饮食越来越像大人啦

## 18 ～ 24 月龄宝宝的标准身长和体重

关于 18 ～ 24 月龄宝宝的标准身长和体重，大家可以参考表 7.4。如果出现了明显的偏差，家长可以带宝宝及时就医，请医生对宝宝进行检查和评估。

表 7.4　18 ～ 24 月龄宝宝的标准身长和体重

| 月龄 | 性别 | 身长（cm） | 体重（kg） |
|---|---|---|---|
| 19 月龄 | 女 | 76.2 ～ 87.3 | 8.3 ～ 13.3 |
| | 男 | 78.1 ～ 88.4 | 9.0 ～ 13.7 |
| 20 月龄 | 女 | 77.0 ～ 88.4 | 8.5 ～ 13.5 |
| | 男 | 78.9 ～ 89.5 | 9.2 ～ 14.0 |
| 21 月龄 | 女 | 77.9 ～ 89.4 | 8.7 ～ 13.8 |
| | 男 | 79.7 ～ 90.5 | 9.3 ～ 14.3 |
| 22 月龄 | 女 | 79.6 ～ 91.5 | 8.8 ～ 14.1 |
| | 男 | 80.5 ～ 91.6 | 9.5 ～ 14.5 |
| 23 月龄 | 女 | 79.6 ～ 91.5 | 9.0 ～ 14.3 |
| | 男 | 81.3 ～ 92.6 | 9.7 ～ 14.8 |
| 24 月龄 | 女 | 80.3 ～ 92.5 | 9.2 ～ 14.6 |
| | 男 | 82.1 ～ 93.6 | 9.8 ～ 15.1 |

## 18 ～ 24 月龄辅食喂养原则

宝宝 12 月龄以后，母乳外的食物就不叫辅食了，但这里为了方便阅读，仍然沿用这个叫法。

### ◎ 继续练习用小勺吃饭

这个阶段要继续让宝宝练习用小勺吃饭，你会明显感觉到宝宝的进食能力在发生突飞猛进的变化。等到 24 月龄时，大多数宝宝都能很好地控制勺子了。

### ◎ 停止用奶瓶，改用杯子喝水喝奶

为了保护宝宝的牙齿，1 岁以后应该让宝宝停止使用奶瓶，改为用普通的杯子喝水、喝奶。

### ◎ 培养良好的饮食习惯

家长应该以身作则，通过与宝宝一起吃饭，培养宝宝健康的饮食习惯，平衡膳食，补足营养，按时吃饭，饮食清淡。

## 适合 18 ～ 24 月龄宝宝的辅食性状和每日辅食总量参考

### ◎ 适合 18 ～ 24 月龄宝宝的辅食性状

块状、条状、片状，细软的家庭食物。

### ◎ 每日奶和辅食的摄入量参考

宝宝每天应该吃正餐 3 次，加餐 2 次，喝奶 2 ～ 3 次。每日奶和辅食的具体摄入量可以参考表 7.5。

表 7.5　18 ~ 24 月龄宝宝每日奶和辅食的具体摄入量

| 类别 | 食用量和适合的性状 |
| --- | --- |
| 奶类 | 500 mL 左右 |
| 谷薯杂豆类 | 米面、粗粮、薯类等，50 ~ 100 g（5 ~ 10 勺软饭、细面等，3 ~ 6 根手指粗细和长度的薯类切条） |
| 畜禽肉类和水产类 | 50 ~ 75 g（5 ~ 7.5 勺肉丝、肉块） |
| 蛋类 | 全蛋 1 个 |
| 蔬菜类 | 50 ~ 150 g（5 ~ 15 勺菜条） |
| 水果类 | 50 ~ 150 g（5 ~ 15 勺软块水果、3 ~ 9 根手指粗细和长度的水果条） |
| 食用油 | 5 ~ 15 g（0.5 ~ 1.5 勺） |
| 食盐 | 0 ~ 1.5 g |

注：这里的以“g”为单位的重量均为食物的生重，而不是做熟以后的重量。这里的“勺”指家里常用的白瓷勺，以“勺”为单位的量是辅食做熟之后的量。

## 18 ~ 24 月龄宝宝添加辅食的注意事项

### ◎ 不要盲目吃营养补充剂

大部分宝宝在保证奶量充足、均衡饮食的前提下，每天额外补充 400 IU 的维生素 D 就可以了，其他的营养补充剂都不建议盲目补充。

### ◎ 巧用搭配，增加营养

家里可以常备一些便于储存的配菜，如胡萝卜、彩椒、黄瓜、菌菇、青豆、玉米粒等，制作饭菜的时候加一些不仅可以增加营养，还能丰富颜色。

### ◎ 少吃零食，少喝含糖饮料

尽量不要给宝宝吃零食，也不要把零食作为宝宝某种行为的奖励，尤其是含糖饮料、曲奇饼干、薯片、糖果等不健康的零食。

## 18 ~ 24 月龄宝宝辅食餐单

18 ~ 24 月龄宝宝的辅食安排示例如表 7.6 所示。

表 7.6 18 ~ 24 月龄宝宝辅食安排示例表

| 天 数 | 7:00 第 1 餐 + 第 1 次奶 | 10:00 加餐 | 12:00 第 2 餐 | 15:00 加餐 + 第 2 次奶 | 18:00 第 3 餐 | 21:00 第 3 次奶 | 夜间 第 4 次奶 |
|---|---|---|---|---|---|---|---|
| 第 1 天 | 鲜肉包（p209）+ 黄瓜玉米粒色拉（p210）+ 母乳 / 配方奶 / 牛奶 | 哈密瓜块 | 花生酱拌鸡丝豆芽凉面（p195）+ 奶香南瓜羹（p210） | 枸杞银耳蛋花羹 | 宝宝版罗宋汤（p211）+ 清蒸鲈鱼（p182）+ 清炒菠菜（p212） | 母乳 / 配方奶 / 牛奶 | 无 |
| 第 2 天 | 鲜肉包（p209）+ 白煮蛋 + 母乳 / 配方奶 / 牛奶 | 西瓜块 | 鳕鱼黄瓜海苔碎饺子（p213）+ 红豆血糯米汤（p211） | 小豆干 + 葡萄干 | 二米软饭（p184）+ 糖醋小肉（p213）+ 青椒土豆丝（p214）+ 冬瓜虾皮汤 | 母乳 / 配方奶 / 牛奶 | 无 |
| 第 3 天 | 白菜肉末面（p215）+ 荷包蛋 | 苹果块 | 菠萝海鲜炒饭（p216）+ 紫菜蛋花汤 | 全麦面包片 + 酸奶 | 红薯汤 + 海带豆腐菠菜汤 + 卤牛肉（p217） | 母乳 / 配方奶 / 牛奶 | 无 |
| 第 4 天 | 三文鱼紫菜寿司卷（p217）+ 母乳 / 配方奶 / 牛奶 | 砂糖橘 | 彩椒猪肝烩饭（p218）+ 番茄蛋花汤 | 鸡蛋布丁 | 二米软饭（p184）+ 芦笋炒牛柳（p219）+ 番茄卷心菜汤（p220） | 母乳 / 配方奶 / 牛奶 | 无 |

续表

| 天　数 | 7:00<br>第 1 餐 +<br>第 1 次奶 | 10:00<br>加餐 | 12:00<br>第 2 餐 | 15:00<br>加餐 +<br>第 2 次奶 | 18:00<br>第 3 餐 | 21:00<br>第 3 次奶 | 夜间<br>第 4 次奶 |
|---|---|---|---|---|---|---|---|
| 第 5 天 | 韭菜鸡蛋饼（p220）+ 母乳 / 配方奶 / 牛奶 | 葡萄 | 鲜肉虾仁小馄饨（p201）+ 紫菜虾皮汤 | 双色南瓜小圆子山药羹（p221） | 蒸玉米 + 香菇炒菜心（p222）+ 龙利鱼豆腐羹（p223） | 母乳 / 配方奶 / 牛奶 | 无 |
| 第 6 天 | 桂花红薯汤（p216）+ 银鱼炒蛋（p189） | 香蕉块 | 馒头片 + 自制猪肉肠（p139）+ 黄瓜条 | 酸奶 | 二米软饭（p184）+ 麻酱拌茼蒿（p224）+ 八宝豆腐（p218） | 母乳 / 配方奶 / 牛奶 | 无 |
| 第 7 天 | 大米糕（p221）+ 香菇蒸蛋羹（p180）+ 母乳 / 配方奶 / 牛奶 | 荔枝 | 奶香虾仁芹菜意大利面（p225） | 清水蛋糕 | 红豆软饭（p181）+ 荠菜鱼蓉豆腐汤（p199）+ 魔芋丝牛肉糜（p222） | 母乳 / 配方奶 / 牛奶 | 无 |

本阶段每日食谱中的食物种类均超过了 15 种，一周食谱中不同类别的食物超过了 60 种。这个阶段应该继续给宝宝提供丰富多样的食物，家长也可以在菜单的基础上，用家里的同类食物进行替换。

# 18 ～ 24 月龄宝宝辅食制作方法

## 鲜肉包 预计制作时间 120 min

### 原料

面团部分（面粉 200 g、温水 100 mL、酵母 2g、食用油 5 g），馅料部分（肉馅 150g、葱花适量、姜 5 片、生抽和老抽各 1/2 勺，食盐适量）。

### 制作方法

❶ 提前用温水浸泡姜片和葱花制成葱姜水。将肉馅、葱花、生抽、老抽和食盐混合，分次加入 30 mL 葱姜水，搅拌成均匀的馅料。

❷ 将酵母、食用油和面粉混合，分次加入温水搅拌，揉成面团，静置发酵至 2 倍大。

❸ 将发酵好的面团排气后分成每份 30 g 的小面团，盖上保鲜膜以防水分蒸发。

❹ 取一块面团擀平，放入 15 ～ 20 g 的馅料包成包子。

❺ 将包子放在蒸锅里醒发 10 min，开火后等蒸锅上汽后蒸 15 min，关火后焖 5 min 即可。

注：大多数南方家庭鲜少自制包子，可以直接购买成品鲜肉包。注意优先选择配料表尽可能简单的，钠含量尽可能低的。大多数成品鲜肉包的钠含量在 400 mg/100 g 左右，可以以此作为选购参考。

## 黄瓜玉米粒色拉

预计制作时间 5 min

### 原料

黄瓜 50 g、玉米粒 50 g、无糖酸奶 50 g。

### 制作方法

1. 将黄瓜洗净后切成小粒。
2. 将玉米粒焯熟后捞出。
3. 将酸奶倒入装有黄瓜粒和玉米粒的碗中，搅拌均匀即可。

## 奶香南瓜羹

预计制作时间 25 min

### 原料

南瓜 100 g、牛奶 50 mL、淀粉 1 勺、冰糖 2 g。

### 制作方法

1. 将南瓜洗净后去皮切片放入锅里，加入适量水用小火煮，煮沸后再焖煮 15 min。
2. 将煮好的南瓜用勺子碾碎，然后倒入牛奶和冰糖再次煮沸。
3. 将淀粉用适量的水调成勾芡汁，缓缓倒入锅内，边倒边搅至汤汁浓稠即可。

## 宝宝版罗宋汤

预计制作时间 15 min

### 原料

牛腩 35 g、土豆 50 g、胡萝卜 25 g、卷心菜 50 g、番茄酱（未添加食盐）50 g。

### 制作方法

1. 将牛腩切成小块后煮熟，撕成丝状。
2. 将胡萝卜和土豆去皮后切小块，卷心菜洗净后切丝。将胡萝卜块、土豆块、卷心菜丝和适量水放入锅里，煮沸后继续用小火煮 5 min。
3. 倒入番茄酱和牛肉丝，搅拌均匀后再煮 5 min 即可。

## 红豆血糯米汤

预计制作时间 25 min

### 原料

红豆 15 g、血糯米 15 g、冰糖 2 g。

### 制作方法

1. 提前 1 小时浸泡红豆和血糯米。
2. 将浸泡后的红豆和血糯米放入锅内，加入适量水，煮沸后用小火焖煮 20 min。
3. 加入冰糖，再煮 2 min 即可。

## 清炒菠菜

预计制作时间 10 min

### 原料

菠菜 75 g、蒜 1 瓣、食用油少许。

### 制作方法

1. 将菠菜洗净后焯水断生，捞出剪成小段备用。将蒜碾成蒜蓉。
2. 将锅烧热，涂抹一层薄薄的食用油，倒入蒜蓉，小火煸炒出香味，再倒入菠菜，大火快速翻炒 1 min 即可。
3. 可在出锅前撒上少许食盐调味。

扫一扫
看视频

## 鳕鱼黄瓜海苔碎饺子 预计制作时间 20 min

### 原料

饺子皮 3 张、鳕鱼 35 g、黄瓜 35 g、海苔碎 1 勺。

### 制作方法

❶ 将鳕鱼剁成鱼肉泥，黄瓜切成小丁备用。

❷ 将鱼肉泥、黄瓜丁和海苔碎混合，搅拌成饺子馅。

❸ 舀取适量馅料放在饺子皮中间，之后包裹住馅料，涂抹少许水收口。

❹ 锅中烧水，水开后放入小饺子，煮沸后加一次冷水，再次煮沸后捞出即可。

## 糖醋小肉 预计制作时间 10 min

### 原料

猪里脊 35 g、白糖 10 g、生抽 1 勺、米醋 3 勺、水 4 勺。

### 制作方法

❶ 将猪里脊切丁，焯水断生后捞出备用。

❷ 将猪里脊以外的原料混合，调配成糖醋汁。

❸ 将猪肉丁和糖醋汁放入锅里，小火焖煮 5 min，然后开盖大火收汁 1 min 即可。

## 青椒土豆丝

预计制作时间 10 min

### 原料

青椒 150 g、土豆 200 g、食用油少许、食盐少许。

### 制作方法

1. 将青椒洗净去籽后切成丝，焯水断生备用。
2. 将土豆去皮后切丝，浸泡于清水中，去除表面的淀粉。
3. 锅中倒入少许食用油，倒入土豆丝后大火快速翻炒 1 min。然后倒入焯过水的青椒丝，加入少许食盐，翻炒均匀即可出锅。

注：将青椒丝提前焯水断生，不仅可以大幅缩短炒制的时间，还能保留青椒丝的光亮色泽。焯过水的青椒丝更易咀嚼，青椒的味道也被去除了一部分，这能够提高宝宝对青椒的接受度。

## 白菜肉末面

预计制作时间 10 min

### 原料

大白菜 200 g、猪肉糜 50 g、番茄 1 个、切面 50 g、食用油少许、食盐少许。

### 制作方法

1. 将大白菜洗净，煮熟后捞出，切丝备用。
2. 将番茄去皮后切丁备用。
3. 锅中倒入少许食用油，倒入肉馅和番茄丁，煸炒至肉末颜色变白、番茄出汁，撒入少许食盐炒匀后盛出。
4. 将煮好的面条盛到碗里，然后将白菜丝和番茄肉末铺在面上即可。

注：番茄不仅能够掩盖猪肉的腥味，还能带来酸甜的口感。制作食物的时候可以多用番茄来替代一部分调味品。

## 菠萝海鲜炒饭

预计制作时间 10 min

### 原料

米饭 50 g、菠萝 50 g、虾仁 25 g、干贝 15 g、青豆 25 g、芦笋 50 g、黄瓜 50 g、白糖 2 g、食盐少许、食用油适量。

### 制作方法

1. 将菠萝切丁，虾仁切丁，干贝切丝，黄瓜切丁备用。
2. 将芦笋焯水断生后切丁。
3. 热锅冷油，将米饭倒入锅内炒散，然后倒入其他食物翻炒均匀，出锅前加入少许盐即可。

注：制作视频可参考第 242 页“三文鱼海鲜炒饭”。

## 桂花红薯汤

预计制作时间 20 min

### 原料

红薯 100 g、桂圆 2 粒、干桂花少许。

### 制作方法

1. 将红薯去皮后切丁备用。
2. 将红薯丁和桂圆一起放入锅中，加入适量水，煮沸后再煮 15 min。出锅前撒上少许桂花即可。

## 卤牛肉

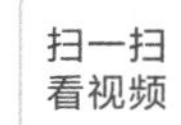


### 原料

牛腱子1块、葱段适量、姜4片、生抽3勺、冰糖5g、桂皮1段、八角1个。

### 制作方法

1. 将牛腱子剔除表面筋膜，放入锅中焯水，去除血水和表面的脏污。
2. 将焯水后的牛腱子捞出，和全部配料一起放入高压锅，选择炖肉模式。
3. 食用时将牛腱子切成薄片即可。

## 三文鱼紫菜寿司卷

预计制作时间 20 min

### 原料

米饭50g、寿司海苔片若干、三文鱼25g、肉松15g、黄瓜50g、胡萝卜25g、海苔碎适量。

### 制作方法

1. 将黄瓜、胡萝卜切条备用。
2. 将三文鱼蒸熟后撕碎备用。
3. 将寿司竹帘铺平，依次铺上寿司海苔片、米饭、黄瓜条、胡萝卜条、三文鱼碎、肉松和海苔碎，最后将竹帘卷起压实。
4. 打开竹帘后，将寿司卷切成适合宝宝吃的厚度即可。

## 彩椒猪肝烩饭

预计制作时间 30 min

### 原料

米饭 50 g、彩椒 50 g、猪肝 35 g、食用油适量、蚝油 1 勺。

### 制作方法

1. 将猪肝切薄片，浸泡 15 min，用流水冲洗掉表面黏液。
2. 将彩椒洗净切块，焯水断生后捞出备用。
3. 热锅冷油，煸炒猪肝片和彩椒片。
4. 将米饭、彩椒、猪肝、蚝油和适量水放入锅内，翻炒均匀后，加盖焖煮 10 min 即可。

## 八宝豆腐

预计制作时间 15 min

### 原料

内酯豆腐 75 g、香菇 1/2 个、口蘑 1 个、松仁 1 把、花生碎 1 把、虾仁 15 g、青豆 5 g、胡萝卜 10 g、虾皮适量。

### 制作方法

1. 将虾仁、胡萝卜、香菇和口蘑分别切成小丁。
2. 将内酯豆腐切成小块后倒入锅中，加入适量水，煮沸后再将其他食物倒入锅内，盖上盖子焖煮 10 min 即可。

## 芦笋炒牛柳

预计制作时间 20 min

### 原料

牛里脊 35 g、芦笋 50 g、淀粉适量、食用油适量、生抽 5 g。

### 制作方法

❶ 将牛里脊切丝，倒入生抽和适量淀粉后搅拌均匀，腌制 15 min。

❷ 将芦笋切小段，焯水断生后捞出备用。

❸ 热锅冷油，煸炒牛肉丝至颜色发白，然后倒入芦笋翻炒 1 min 即可。

## 番茄卷心菜汤

预计制作时间 10 min

### 原料

番茄 1/2 个、卷心菜 50 g、食盐少许。

### 制作方法

1. 将番茄切成薄片，卷心菜洗净后切丝备用。
2. 将番茄和卷心菜放入锅中，加入适量水，水开后再煮 5 min。
3. 出锅前加入少许食盐即可。

## 韭菜鸡蛋饼

预计制作时间 10 min

### 原料

鸡蛋 1 个、韭菜 50 g、面粉 25 g、食用油少许、食盐少许。

### 制作方法

1. 将鸡蛋打入面粉中，搅拌均匀。
2. 将韭菜洗净切碎，加到面糊中搅拌均匀。
3. 将锅烧热，涂抹一层薄薄的食用油，倒入面糊，将其摊平，用小火将两面各煎 2 min。出锅前撒上少许食盐调味。
4. 将韭菜饼切成小块即可。

## 双色南瓜小圆子山药羹 预计制作时间 20 min

### 原料

糯米粉 25 g、南瓜 15 g、铁棍山药 50 g、牛奶 50 g、白糖 2 g。

### 制作方法

1. 将南瓜去皮切片后蒸熟，然后碾成南瓜泥。
2. 将糯米粉分成两份，一份和南瓜泥混合，一份和温水混合，分别搅拌均匀后擀成长条，切成小段，揉成小圆子。
3. 将山药去皮后切段，蒸熟后和牛奶一起放入料理搅打成泥糊状放入锅里，加入适量水，煮沸后放入小圆子，煮至小圆子浮起后加入白糖搅拌均匀。

## 大米糕 预计制作时间 25 min

### 原料

大米粉 100 g、白糖 15 g、无铝泡打粉 2 g、牛奶 50 g。

### 制作方法

1. 将大米粉、白糖、泡打粉、牛奶和 40 mL 水混合，搅拌至无颗粒的状态。
2. 将米糊倒入容器中。
3. 蒸锅上汽后，放入装有米糊的容器，大火蒸 15 min，然后关火焖 2 min。
4. 脱模后切成小块即可。

## 香菇炒菜心

预计制作时间 20 min

### 原料

菜心 2 棵、香菇 5 个、食用油少许、食盐少许。

### 制作方法

❶ 将菜心洗净，焯水断生，捞出后切成小段备用。

❷ 将香菇洗净后切片备用。

❸ 锅中倒入少许食用油，放入香菇片煸炒 1 min，然后倒入焯水后的菜心，加入少许食盐，翻炒均匀后即可出锅。

## 魔芋丝牛肉糜

预计制作时间 10 min

### 原料

魔芋丝 35 g、牛肉糜 35 g、生抽 1 勺、食用油少许。

### 制作方法

❶ 将魔芋丝洗净后放入锅中，加水没过食物，水开后再煮 2 min。

❷ 将煮好的魔芋丝捞出剪成小段。

❸ 热锅冷油，煸炒牛肉糜，将牛肉糜炒散至颜色发白，再倒入魔芋丝，加入生抽搅拌均匀后，焖煮 3 min 即可。

## 龙利鱼豆腐羹

### 原料

龙利鱼柳 200 g、内酯豆腐 150 g、胡萝卜 30 g、葱花和姜片少许、淀粉少许、芝麻油少许。

### 制作方法

1. 将龙利鱼柳提前解冻，冲洗干净后切片备用。
2. 将内酯豆腐切成小块，胡萝卜去皮后切丁备用。
3. 水开后倒入胡萝卜丁、龙利鱼柳和姜片，用中小火焖煮 5 min。倒入豆腐，开盖用中火再煮 2 min。
4. 将淀粉加水调成勾芡汁，缓缓倒入锅里，边倒边搅拌至汤汁浓稠即可。
5. 出锅前撒上葱花，滴几滴芝麻油。

## 麻酱拌茼蒿

预计制作时间 8 min

### 原料

茼蒿 100 g、芝麻酱 1 勺、花生碎 1 把。

### 制作方法

1. 将芝麻酱和适量温水混合，搅拌均匀，制成麻酱汁。
2. 将茼蒿洗净后焯水断生，捞出切段后放入碗里。
3. 将麻酱汁和花生碎撒入碗里即可。

## 奶香虾仁芹菜意大利面 预计制作时间 20 min

### 原料

意大利面 35 g、虾仁 35 g、西芹 50 g、奶粉 15 g、食盐少许、食用油少许。

### 制作方法

1. 烧开一锅水，将意大利面放入锅中，水开后煮 10 min，捞出后盛入盘子里。
2. 将虾仁解冻后切丁备用。
3. 将西芹洗净后切成细长条形的滚刀块，焯水断生后捞出。
4. 将锅烧热后，涂抹一层薄薄的食用油，然后放入虾仁丁煸炒约 1 min。再放入意大利面和西芹翻炒，最后撒入奶粉和食盐，翻炒均匀即可出锅。

## 妈咪问，丁妈答

**Q：除了注意口味清淡，宝宝吃大人食物的时候还要注意什么呢？**

A：宝宝在 1 岁以后，就可以尝试清淡的家庭饮食了。虽然这个阶段宝宝可以和大人一起吃饭，但是不等于宝宝可以直接吃大人的食物。除了要注意口味清淡，还要注意适合的食物性状。3 岁以前，宝宝吃的食物仍然要以细软的小块状食物为主。

我们可以在烹调前把食物预先处理成宝宝能接受的小块状或小条状，也可以将烹调好的食物用辅食剪剪成小块。

**Q：食盐是不是加得越晚越好？**

A：并不是。1 岁以内的饮食中不需要添加任何调味品。等宝宝 1 岁后，可以在遵循清淡饮食的原则下适当增加一些调味品，比如少量的含碘盐。适当的调味品可以帮助宝宝熟悉大人食物的味道，尽快融入家庭饮食，加碘盐也能帮助宝宝及时补充碘。关于调味品的具体添加量可以参考每小节中提到的每日辅食总量参考。

**Q：宝宝喝配方奶需要喝到几岁呢？**

A：1 岁以后，母乳和配方奶就不再是宝宝所需营养的主要食物来源了。如果宝宝日常能摄入足量的普通牛奶、酸奶、奶酪等乳制品用于补充优质蛋白质和钙，那么配方奶就没有那么重要了。相比喝什么奶、喝到几岁，饮食均衡更加重要。

**Q：可以给宝宝吃餐厅里的饭菜吗？**

A：餐厅的饭菜大多含有比较多的食盐、糖、以及油脂，并不适合宝宝吃。如果不可避免要带宝宝外出吃饭，家长可以自己带一部分食物，再搭配餐厅里相对清淡的饭菜，比如可以点蒸菜、炖菜、汤羹类的菜肴，你也可以把外面的菜肴多涮几遍水，去掉过多的调味品。

# 24～36月龄 均衡饮食 营养全面

## 24 ～ 36 月龄宝宝的标准身高和体重

关于 24 ～ 36 月龄宝宝的标准身高和体重，大家可以参考表 7.7。如果出现了明显的偏差，家长可以带宝宝及时就医，请医生对宝宝进行检查和评估。

表 7.7　24 ～ 36 月龄宝宝的标准身高和体重

| 月龄 | 性别 | 身高（cm） | 体重（kg） |
|---|---|---|---|
| 25 月龄 | 女 | 80.4 ～ 92.8 | 9.3 ～ 14.9 |
| | 男 | 82.1 ～ 93.8 | 10.0 ～ 15.3 |
| 26 月龄 | 女 | 81.2 ～ 93.7 | 9.5 ～ 15.2 |
| | 男 | 82.8 ～ 94.8 | 10.1 ～ 15.6 |
| 27 月龄 | 女 | 81.9 ～ 94.6 | 9.6 ～ 15.4 |
| | 男 | 83.5 ～ 95.7 | 10.2 ～ 15.9 |
| 28 月龄 | 女 | 82.6 ～ 95.6 | 9.8 ～ 15.7 |
| | 男 | 84.2 ～ 96.6 | 10.4 ～ 16.1 |
| 29 月龄 | 女 | 83.4 ～ 96.4 | 10.0 ～ 16.0 |
| | 男 | 84.9 ～ 97.5 | 10.5 ～ 16.4 |

续表

| 月龄 | 性别 | 身高（cm） | 体重（kg） |
| --- | --- | --- | --- |
| 30 月龄 | 女 | 84.0 ~ 97.3 | 10.1 ~ 16.2 |
| | 男 | 85.5 ~ 98.3 | 10.7 ~ 16.6 |
| 31 月龄 | 女 | 84.7 ~ 98.2 | 10.3 ~ 16.5 |
| | 男 | 86.2 ~ 99.2 | 10.8 ~ 16.9 |
| 32 月龄 | 女 | 85.4 ~ 99.0 | 10.4 ~ 16.8 |
| | 男 | 86.8 ~ 100.0 | 10.9 ~ 17.1 |
| 33 月龄 | 女 | 86.0 ~ 99.8 | 10.5 ~ 17.0 |
| | 男 | 87.4 ~ 100.8 | 11.1 ~ 17.3 |
| 34 月龄 | 女 | 86.7 ~ 100.6 | 10.7 ~ 17.3 |
| | 男 | 88.0 ~ 101.5 | 11.2 ~ 17.6 |
| 35 月龄 | 女 | 87.3 ~ 101.4 | 10.8 ~ 17.6 |
| | 男 | 88.5 ~ 102.3 | 11.3 ~ 17.8 |
| 36 月龄 | 女 | 87.9 ~ 102.2 | 11.0 ~ 17.8 |
| | 男 | 89.1 ~ 103.1 | 11.4 ~ 18.0 |

注：对于 2 岁以下的宝宝，是通过让宝宝平躺的方式测量宝宝的身长；对于 2 岁以上的宝宝，通过让宝宝站立的方式测量宝宝的身高。即宝宝 2 岁前用身长，2 岁后用身高来表述。

## 24 ~ 36 月龄宝宝辅食喂养原则

12 月龄以后，母乳外的食物就不叫辅食了，但这里为了方便阅读，仍然沿用这个叫法。

### ◎ 锻炼吃饭技能

宝宝 3 岁后需要进入幼儿园开始集体生活，因此在入园前，家长应该给宝宝学习自己吃饭的机会。

### ◎ 合理选择零食

应给宝宝提供天然、新鲜、易消化的零食，如奶制品、新鲜水果或可以生吃的蔬菜，避免高盐、高油、高糖和含有过多食品添加剂的加工食品，如薯条、可乐、糖果等。

### ◎ 注意进食安全

随着宝宝的运动能力逐渐提高，需要特别注意进食安全。避免在宝宝跑跳的时候喂食，避免喂给宝宝整颗的豆类、坚果、小番茄、葡萄、硬糖等食物，以免食物呛入气管，导致宝宝窒息。宝宝进食时，家长应该做好看护工作。

## 适合 24 ~ 36 月龄宝宝的辅食性状和每日辅食总量参考

### ◎ 适合 24 ~ 36 月龄宝宝的辅食性状

块状、条状、片状，细软的家庭食物。

### ◎ 每日奶和辅食的摄入量参考

每天正餐 3 次，加餐 2 次，喝奶 2 次。每日奶和辅食的具体摄入量可以参考表 7.8。

表 7.8 24 ~ 36 月龄宝宝每日奶和辅食的具体摄入量

| 类别 | 食用量和适合的性状 |
|---|---|
| 奶类 | 350 ~ 500 mL |
| 谷薯杂豆类 | 75 ~ 125 g（7 ~ 12 勺软饭、细面等，5 ~ 7 根手指粗细和长度的薯类切条） |
| 畜禽肉类和水产类 | 50 ~ 75 g（5 ~ 7.5 勺肉丝、肉块） |
| 蛋类 | 全蛋 1 个 |
| 蔬菜类 | 100 ~ 200 g（10 ~ 20 勺菜条） |
| 水果类 | 100 ~ 200 g（10 ~ 20 勺软块水果、5 ~ 10 根手指粗细和长度的水果条） |
| 食用油 | 10 ~ 20 g（1 ~ 2 勺） |
| 食盐 | 0 ~ 2 g |

注：这里的以“g”为单位的重量均为食物的生重，而不是做熟以后的重量。这里的“勺”指家里常用的白瓷勺，以“勺”为单位的量是辅食做熟之后的量。

## 24 ~ 36 月龄宝宝添加辅食的注意事项

### ◎ 控制在外就餐的频率

在这个阶段，家长带宝宝出门的机会更多了，如果需要在外就餐，建议避开街边无证的小摊，选择有正规从业资格的干净卫生的餐厅，也要避免口味过重、过于油腻的菜品。

### ◎ 学习处理食物中的皮和骨头

这个阶段可以让宝宝尝试自己剥毛豆、剥蚕豆、剥鸡蛋壳、剥虾，或是学着处理大块的骨头，甚至是一些大的鱼刺。这一方面可以提高宝宝对食物的兴趣，另一方面也可以解放家长。但是宝宝进食还是应该在家长的看护下进行。

◎ **定期带宝宝去看牙医**

2 岁左右的宝宝，乳牙大多已经长齐，这个时候至少应该带他们去看一次牙医，检查一下牙齿的情况，并引导宝宝好好刷牙，避免发生龋齿。通常建议 1 周岁时带宝宝看一次牙医，如果之前没去，现在去也不晚。

## 24 ~ 36 月龄宝宝辅食餐单

24 ~ 36 月龄宝宝的辅食安排示例如表 7.9 所示。

表 7.9　24 ~ 36 月龄宝宝辅食安排示例表

| 天　数 | 7:00 第 1 餐 + 第 1 次奶 | 10:00 加餐 | 12:00 第 2 餐 | 15:00 加餐 + 第 2 次奶 | 18:00 第 3 餐 | 21:00 第 3 次奶 | 夜间 第 4 次奶 |
|---|---|---|---|---|---|---|---|
| 第 1 天 | 金枪鱼番茄三明治（p234）+ 母乳 / 配方奶 / 牛奶 | 梨块 | 经典菜饭（p235）+ 海带蛋汤 | 绿豆汤 | 软饭 + 红烧鸡翅根（p236）+ 醋熘白菜（p236） | 母乳 / 配方奶 / 牛奶 | 无 |
| 第 2 天 | 秋葵炒蛋（p237）+ 奶香小刀切 + 母乳 / 配方奶 / 牛奶 | 苹果块 | 什锦虾仁面（p238）+ 枸杞炒油麦菜（p239） | 酸奶 | 燕麦软饭（p239）+ 清炒苋菜（p240）+ 小排萝卜汤（p237） | 母乳 / 配方奶 / 牛奶 | 无 |
| 第 3 天 | 杂蔬鸡蛋饼（p241）+ 母乳 / 配方奶 / 牛奶 | 芒果块 | 三文鱼海鲜炒饭（p242）+ 香菇豆腐汤（p241） | 苏打饼干 | 意大利面 + 蒜香烤鸡腿 + 番茄蛋花汤 | 母乳 / 配方奶 / 牛奶 | 无 |

续表

| 天　数 | 7:00 第 1 餐 + 第 1 次奶 | 10:00 加餐 | 12:00 第 2 餐 | 15:00 加餐 + 第 2 次奶 | 18:00 第 3 餐 | 21:00 第 3 次奶 | 夜间 第 4 次奶 |
|---|---|---|---|---|---|---|---|
| 第 4 天 | 土豆蔬菜饼（p243）+ 母乳 / 配方奶 / 牛奶 | 蓝莓 | 二米饭 + 香菇炒青菜 + 香菜鱼丸汤（p242） | 清水蛋糕 | 二米饭 + 糖醋猪肋排（p244）+ 菌菇鸡毛菜汤 | 母乳 / 配方奶 / 牛奶 | 无 |
| 第 5 天 | 香蕉松饼（p245）+ 小番茄 + 母乳 / 配方奶 / 牛奶 | 苹果块 | 麻酱莴笋拌面（p246）+ 西红柿鸡蛋汤 | 枸杞银耳羹 | 米饭 + 香菇炖鸡（p247）+ 宝宝版酸辣汤（p248） | 母乳 / 配方奶 / 牛奶 | 无 |
| 第 6 天 | 芹菜瘦肉粥 + 奶香炒蛋（p170）+ 母乳 / 配方奶 / 牛奶 | 西瓜块 | 二米饭 + 彩椒炒杏鲍菇（p245）+ 番茄炒龙利鱼（p249） | 绿豆汤 | 二米饭 + 鱼香肉丝（p250）+ 凉拌豆腐 | 母乳 / 配方奶 / 牛奶 | 无 |
| 第 7 天 | 鲜肉包（p209）+ 白煮蛋 + 母乳 / 配方奶 / 牛奶 | 白瓜块 | 花生酱拌鸡丝豆芽凉面（p195）+ 番茄冬瓜汤 | 小米发糕（p120） | 二米饭 + 牛肉炖土豆（p251）+ 清炒荷兰豆（p252） | 母乳 / 配方奶 / 牛奶 | 无 |

本阶段每日食谱中的食物种类均超过了 15 种，一周食谱中涉及的食物种类超过了 60 种。对于 24 ~ 36 月龄的宝宝，应更加注重食物的多样化，每天安排 3 次正餐和 2 次加餐。增加食物种类的秘诀是多用一些配菜，配菜虽然量少，但是涉及的种类多，不仅能丰富菜肴的颜色，还能提高宝宝吃饭的兴趣。

# 24 ~ 36 月龄宝宝辅食制作方法

## 金枪鱼番茄三明治

预计制作时间 5 min

### 原料

全麦切片面包 2 片、水浸金枪鱼肉 35 g、鸡蛋 1 个、番茄 2 片。

### 制作方法

❶ 将鸡蛋打散后倒入锅，煎成蛋皮备用。

❷ 从下至上依次平铺 1 片切片面包、1 片番茄、金枪鱼肉、蛋皮、1 片番茄、1 片切片面包，压紧实后沿对角线切开即可。

## 经典菜饭

预计制作时间 25 min

### 原料

米饭 75 g、油菜 100 g、猪里脊 35 g、胡萝卜 25 g、广式香肠 15 g、食用油少许。

### 制作方法

1. 将油菜洗净后焯水断生，捞出剪成小段备用。
2. 将猪里脊切丁，胡萝卜去皮后切粒，广式香肠切薄片备用。
3. 热锅冷油，倒入猪肉丁、香肠片和胡萝卜粒翻炒几下，然后倒入米饭炒散，最后倒入油菜翻炒均匀后加入适量水，加盖焖 10 min 即可。

## 红烧鸡翅根

预计制作时间 25 min

### 原料

鸡翅根 2 个、生抽 1 勺、冰糖 5 g、姜 3 片、葱段适量、食用油少许。

### 制作方法

1. 将鸡翅根和姜片冷水下锅，小火煮沸，再煮 3 min 捞出。
2. 热锅冷油，倒入冰糖，小火将冰糖加热至融化变黄，然后将鸡翅根倒入锅内，让冰糖均匀地裹住鸡翅根。
3. 加入适量热水，再倒入生抽和葱段，加盖焖煮 15 min，开盖后大火收汁即可。

## 醋熘白菜

预计制作时间 10 min

### 原料

大白菜 100 g、白醋 1 勺、白糖 5 g、生抽 1/2 勺、淀粉 1/2 勺、食用油少许。

### 制作方法

1. 将大白菜洗净后切小块。
2. 将白醋、白糖、生抽和淀粉混合均匀，制成酱汁备用。
3. 热锅冷油，倒入白菜用大火快速翻炒，然后加入酱汁炒匀即可。

## 秋葵炒蛋 预计制作时间 10 min

### 原料

鸡蛋 1 个、秋葵 50 g、食用油少许。

### 制作方法

1. 秋葵洗净后焯水断生，捞出后切小块。
2. 鸡蛋打散备用。
3. 将锅烧热后涂抹一层薄薄的食用油，倒入蛋液将其摊平，将秋葵均匀倒在蛋液上。
4. 待蛋液稍微凝固后，翻炒成小块状即可。

注：制作视频可参考第 158 页“芦笋炒蛋”。

## 小排萝卜汤 预计制作时间 40 min

### 原料

小排100 g、白萝卜100 g、姜2片、葱花少许、食盐少许、味精少许。

### 制作方法

1. 将小排和姜片冷水下锅，焯水断生后捞出，然后放入蒸锅，上汽后蒸 15 min。
2. 将白萝卜去皮后切小块。
3. 锅中加适量水，水开后放入白萝卜，用小火焖煮 15 min，然后再放入蒸好的小排，用小火焖煮 5 min。出锅前撒上葱花、食盐和味精即可。

## 什锦虾仁面

预计制作时间 20 min

### 原料

生面条 35 g、虾仁 35 g、芦笋 50 g、彩椒 25 g、黑木耳 1 朵、鱼面筋 2 个。

### 制作方法

1. 将解冻后的虾仁切成小块，芦笋洗净后切成小段，彩椒洗净后切成小块，黑木耳提前泡发后撕成小块，鱼面筋切成小块备用。
2. 将黑木耳、芦笋和彩椒焯水断生后捞出备用。
3. 将虾仁和鱼面筋冷水下锅，煮沸后继续煮 3 min，然后倒入焯过水的黑木耳、芦笋和彩椒继续煮 2 min，制成面条汤。
4. 煮面，将煮好的面条捞出，盛入面条汤中即可。

注：制作视频可参考第 165 页“冬瓜香菇鸡丁面”。

## 枸杞炒油麦菜 预计制作时间 10 min

### 原料

油麦菜 100 g、蒜 1 瓣、枸杞若干粒、食用油适量、食盐少许。

### 制作方法

1. 提前将枸杞置于温水中浸泡，将蒜瓣压成蒜蓉备用。
2. 将油麦菜焯水断生后捞出备用。
3. 热锅冷油，倒入蒜蓉，大火爆香，然后倒入油麦菜，用大火快速翻炒，最后撒入枸杞和食盐，关火后翻炒均匀即可。

注：制作视频可参考第 212 页“清炒菠菜”。

## 燕麦软饭 预计制作时间 30 min

### 原料

燕麦 15 g、大米 25 g、水适量。

### 制作方法

1. 将燕麦和大米混合，淘洗干净，放入电饭煲。
2. 加入相当于原料体积 5 倍的水，选择煮饭模式焖熟即可。

## 清炒苋菜

预计制作时间 10 min

### 原料

红苋菜 250 g、蒜 1 瓣、食盐少许、食用油少许。

### 制作方法

1. 将红苋菜洗净，剔除老枝，焯水断生后捞出备用。
2. 将蒜瓣切薄片备用。
3. 锅中倒入少许食用油，然后放入蒜片爆香，再倒入苋菜，用大火翻炒 1 min。
4. 出锅前撒上少许食盐，炒匀即可出锅。

注：制作视频可参考第 212 页“清炒菠菜”。

## 杂蔬鸡蛋饼 预计制作时间 20 min

### 原料

西葫芦 20 g、胡萝卜 20 g、鸡蛋 1 个、面粉 20 g、葱花适量、食盐少许、食用油适量。

### 制作方法

1. 将西葫芦和胡萝卜洗净，去皮切丝后放于容器中。
2. 放入鸡蛋、面粉、适量葱花和少许食盐，搅拌均匀后静置一会儿，等蔬菜出水。锅中倒入适量食用油，倒入面糊并将其摊平，盖上锅盖用小火焖熟，切片即可。

注：制作视频可参考第 118 页“菠菜肉末鸡蛋饼”。

## 香菇豆腐汤 预计制作时间 15 min

### 原料

内酯豆腐 200 g、香菇 2 个、胡萝卜 20 g、猪肉丝 50 g、葱花少许、食盐少许、食用油少许。

### 制作方法

1. 将香菇洗净后切丝，胡萝卜洗净去皮后切丝。锅中加入适量食用油，将香菇丝、胡萝卜丝和猪肉丝一起放入锅中，煸炒至肉丝颜色变白。
2. 倒入热水，煮沸后放入切成小块的豆腐，再次煮沸后开盖煮 2 min。
3. 加入少许食用盐，出锅前撒上少许葱花即可。

## 三文鱼海鲜炒饭

预计制作时间 20 min

### 原料

三文鱼 50 g、芦笋 25 g、虾仁 25 g、胡萝卜 20 g、玉米粒 20 g、米饭 1 碗、葱花少许、食盐少许、食用油适量。

### 制作方法

1. 将胡萝卜去皮，将三文鱼、虾仁、芦笋、胡萝卜洗净后切成小丁备用。
2. 将芦笋丁和胡萝卜丁焯水断生后捞出。
3. 锅内倒入适量食用油，倒入三文鱼丁炒香后再倒入米饭翻炒均匀。
4. 加入其他食物，翻炒后撒上葱花和食盐调味盛出即可。

## 香菜鱼丸汤

预计制作时间 10 min

### 原料

香菇 1 个、鱼丸 3 个、香菜少许、食盐和麻油少许。

### 制作方法

1. 将香菇洗净后切薄片，香菜洗净备用。
2. 烧开一锅水，加入鱼丸和香菇，煮至鱼丸浮起，加入食盐、香菜和麻油，盛出即可。

注：如果购买现成的鱼丸，尽量选择鱼肉含量多的，配料表中鱼肉的位置越靠前越好。如果是自制鱼丸，可以选择马鲛鱼、黑鱼、鲅鱼、墨鱼等，按照鱼肉和淀粉 10 比 1 的比例加入木薯淀粉，再加入少量的蛋清和适量葱姜水、白胡椒粉和食盐，用料理机搅打成黏稠有弹性的鱼肉泥。将鱼肉泥冷水挤入锅中形成鱼丸，水开后撇去浮沫，煮 2 ~ 3 min 即可捞出。

## 土豆蔬菜饼 预计制作时间 25 min

### 原料

土豆 70 g、面粉 30 g、芹菜 20 g、胡萝卜 20 g、鸡蛋 1/2 个、食用油少许、食盐少许。

### 制作方法

1. 将芹菜洗净，焯水断生后切成碎末备用。
2. 将胡萝卜洗净去皮，切丁后焯水断生备用。
3. 将土豆去皮切片后放入蒸锅，上汽后蒸 15 min 至土豆软烂，取出后碾成土豆泥。
4. 将土豆泥、面粉、芹菜碎、胡萝卜丁和 1/2 个鸡蛋混合搅拌均匀。
5. 将锅烧热，涂抹一层薄薄的食用油，取一勺泥糊倒入锅中，摊平后用小火煎 2 min，翻面再煎 3 min，出锅前撒上少许食盐调味。

## 糖醋猪肋排

预计制作时间 20 min

### 原料

猪肋排 200 g、米醋 1 勺、生抽 1 勺、冰糖 15 g、食用油少许、葱花少许、姜 2 片、白芝麻少许。

### 制作方法

1. 将猪肋排切小块，冷水下锅，水开后煮 2 min，捞出备用。
2. 锅中倒入适量食用油，加入冰糖，小火加热至冰糖融化变黄。放入猪肋排煸炒至表面带糖色，然后倒入生抽和米醋翻炒均匀。
3. 倒入热水直至没过猪肋排，加入 2 片姜，盖上盖子，用中小火煮 10 min。开盖收汁，撒上少许葱花和白芝麻即可出锅。

## 香蕉松饼 预计制作时间 15 min

### 原料

中等大小的熟香蕉 1 根、低筋面粉 80 g、鸡蛋 1 个、牛奶 70 g、食用油适量。

### 制作方法

1. 将香蕉碾成泥，加入打散的鸡蛋、牛奶、面粉，搅拌成较浓稠的酸奶状面糊。
2. 锅中倒入适量食用油，小火加热，舀一大勺面糊，自然滴落到锅中。
3. 用小火煎至表面有小气孔就可以翻面了，两面成形后即可盛出。

## 彩椒炒杏鲍菇 预计制作时间 10 min

### 原料

彩椒 150 g，杏鲍菇 200 g，食用油适量、食盐少许，葱花适量。

### 制作方法

1. 将彩椒洗净后切成小块，杏鲍菇洗净后切成小片备用。
2. 锅中倒入适量食用油，倒入彩椒和杏鲍菇，翻炒至变软。
3. 加入葱花和少许食盐，翻炒均匀即可。

## 麻酱莴笋拌面

预计制作时间 30 min

### 原料

莴笋 50 g、千张 20 g、胡萝卜 50 g、芝麻酱 1 勺、花生酱 2 勺、低钠面 40 g、葱花适量、食盐适量。

### 制作方法

❶ 将莴笋洗净，去皮切丝，加一勺食盐并抓匀，静置 15 ~ 20 min，待莴笋出水。
❷ 用饮用水冲洗莴笋丝，去除部分盐分，挤干备用。
❸ 将胡萝卜洗净后去皮切丝，千张切丝备用。
❹ 水开后把低钠面煮熟捞出，码上千张丝、胡萝卜丝、莴笋丝。
❺ 将芝麻酱、花生酱、少许食盐和适量水搅拌成酱汁。
❻ 将酱汁倒在面条上，撒上葱花，搅拌均匀即可。

## 香菇炖鸡

预计制作时间 40 min

### 原料

香菇 3 个、鸡腿肉 300 g、姜 3 片、食盐少许、食用油少许、葱花少许。

### 制作方法

1. 将香菇切成小块备用。
2. 将鸡腿肉切成小块，冷水下锅，加入姜片，水开后撇去浮沫，捞出备用。
3. 锅中倒入少许食用油，放入葱爆香，将香菇块稍微煸炒后，倒入鸡肉块，翻炒均匀。
4. 加入热水没过食物，用小火焖煮 30 min。
5. 出锅前撒上少许食盐和葱花炒匀即可。

## 宝宝版酸辣汤

预计制作时间 20 min

### 原料

内酯豆腐 100 g、口蘑 5 个、香菇 2 个、胡萝卜 25 g、青椒 30 g、黑木耳 3 朵、米醋 2 勺、生抽 1 勺、葱花适量、淀粉少许、食用油少许。

### 制作方法

1. 将口蘑、香菇、胡萝卜、青椒和黑木耳洗净后切成小丁。锅中加少许食用油，将切成丁的原料放入锅内煸炒 2 min。将淀粉加水调成勾芡汁。
2. 锅中倒入适量水，煮沸后倒入切成小块的内酯豆腐。
3. 再次煮沸后，转小火煮 5 min。
4. 倒入米醋和生抽，再缓缓倒入勾芡汁，边倒边搅拌至汤水浓稠，撒入适量葱花即可出锅。

## 番茄炒龙利鱼 预计制作时间 30 min

### 原料

番茄 2 个、龙利鱼柳 200 g、葱花少许、姜 2 片、食盐少许、食用油适量、淀粉 2 勺。

### 制作方法

1. 将龙利鱼柳解冻后冲洗干净，切成薄片放入碗中，加入姜片、1 勺食用油、淀粉、少许食盐，抓拌均匀，腌制 10 ~ 15 min。
2. 将番茄洗净后划十字刀，用开水浸泡去皮，切块备用。
3. 锅中加水，水开后倒入腌制好的鱼片，焯水定形后捞出。
4. 锅中加入适量食用油，加入番茄翻炒出汁，加入龙利鱼翻炒均匀，加入适量水煮 2 min。
5. 出锅前撒入少许葱花和食盐，翻炒均匀后即可盛出。

扫一扫
看视频

## 鱼香肉丝

预计制作时间 15 min

### 原料

猪肉丝 100 g、黑木耳 3 朵、胡萝卜 50 g、青椒 30 g、淀粉少许、食盐少许、白胡椒粉少许、生抽 1 勺、蚝油 1 勺、白糖 10 g、醋 1 勺、食用油少许。

### 制作方法

1. 将肉丝和少许淀粉、食盐、白胡椒粉和适量水混合，顺着一个方向搅拌。
2. 将胡萝卜洗净后去皮。将泡发好的黑木耳、胡萝卜和青椒切丝备用。
3. 将 1 勺生抽、1 勺蚝油、10 g 白糖、1 勺醋和 2 勺水混合，调成鱼香汁。
4. 锅中倒入少许食用油，倒入猪肉丝炒熟后盛出。
5. 锅中倒入胡萝卜丝和黑木耳丝，翻炒 2 min，期间可加少许水。然后倒入青椒丝和煸炒过的猪肉丝，淋上鱼香汁，大火翻炒均匀即可。

扫一扫
看视频

## 牛肉炖土豆 预计制作时间 45 min

### 原料

牛里脊 150 g、土豆 300 g、胡萝卜 60 g、葱花少许、姜 2 片、料酒少许、生抽 2 勺、食用油少许。

### 制作方法

1. 将牛里脊切成小块，土豆和胡萝卜去皮后切成小块。
2. 将牛肉块冷水下锅，煮沸后转小火，加入姜片和少许料酒，撇去浮沫，捞出备用。
3. 锅中倒入少许食用油，放入牛肉块翻炒 1 min，倒入土豆块和胡萝卜块，加热水直至没过食物，再倒入生抽，盖上盖子后用中小火焖煮 30 min。
4. 开盖将食物翻炒均匀，转大火收汁，撒上少许葱花即可出锅。

## 清炒荷兰豆

预计制作时间 10 min

### 原料

荷兰豆 100 g、蒜 2 瓣、食盐适量、食用油适量。

### 制作方法

1. 将荷兰豆洗净去丝，焯水断生后切成小段。将蒜切末。
2. 锅中倒入适量食用油，放入蒜末煸炒出香味，加入荷兰豆翻炒均匀。
3. 加入适量食盐，翻炒均匀盛出即可。

## 妈咪问，丁妈答

**Q：宝宝的饭量一直很小，感觉也没有长肉，该怎么办呢？**

A：我们不建议用主观感受来判断宝宝的生长发育情况，建议用生长曲线来判断。只要在一段时间内，宝宝的身高和体重曲线都按照宝宝的发育速度匀速增长，且与标准线基本一致，家长就不必担心。每个宝宝都有自己的生长发育节奏，你没必要频繁地拿自己的宝宝和其他宝宝做比较。

**Q：多大的宝宝可以吃快餐？**

随着宝宝渐渐长大，难免会接触到各种零食和快餐，这些食物口味较重，脂肪和能量也很高，不利于宝宝的健康。但宝宝的快乐也很重要，因此我们可以想些办法将不健康的影响降到最低。比如控制宝宝吃快餐的频率，1 ~ 2 个月吃一次；少吃煎炸食品，多选烘烤食品，还可以将油炸食品的油炸外皮去掉；快餐通常以主食和肉类为主，要有意识地给宝宝吃蔬菜；不要给宝宝喝含糖饮料，可以选择喝牛奶；少蘸酱料，不要让宝宝大口吃酱料。

第八章

# 宝宝的特殊饮食

# 腹泻

## 腹泻期的饮食原则

针对不同情况，腹泻的饮食原则有所不同。

### ◎ 母乳喂养的宝宝在添加辅食前发生腹泻

- 继续母乳喂养，增加喂养次数，缩短间隔时间。
- 宝宝在大量拉稀后，除了要保证母乳喂养外，还应考虑每千克体重补充 50 mL 的口服补液盐。
- 腹泻 1 周没有好转的宝宝，除了应该及时就医外，饮食上还要考虑转用无乳糖配方奶粉或低乳糖配方奶粉。

### ◎ 配方奶粉喂养的宝宝在添加辅食前发生腹泻

- 冲调正常浓度的奶粉，增加喂奶次数，缩短 2 次喂奶的间隔时间。
- 如果宝宝持续腹泻超过 3 天，可以考虑转用无乳糖配方奶粉或低乳糖配方奶粉。
- 宝宝在大量拉稀后，除了保证喝奶量外，还应考虑每千克体重补充 50 mL 的口服补液盐。

◎ **添加辅食后宝宝发生腹泻**

- 继续已有的饮食模式，已经吃过且适应良好的食物均可正常食用，但应避免高脂、高糖和富含粗纤维的蔬菜和水果。
- 辅食中不应添加新食物。
- 如宝宝每次进食量少，可增加喂养次数。
- 烹调时优先考虑制作含水量高的食物，保证宝宝水分摄入充足。宝宝在大量拉稀后应考虑补充口服补液盐。

## 腹泻期宝宝可以吃什么

婴幼儿腹泻是导致营养不良的重要原因之一。很多人认为腹泻后应当清淡饮食，于是不吃富含优质蛋白质的肉类、蛋类和水产。其实在腹泻后，这些食物都能吃，并且都应该吃，但是在选择具体食物和烹调方式时要和非疾病状态有所区分。我们以常见的几种食物为例。

◎ **鸡蛋**

鸡蛋含有丰富的优质蛋白质和脂肪，鸡蛋蛋白也非常容易被人体消化吸收。在腹泻期间，可以将鸡蛋做成水分含量高的食物，比如蒸蛋羹、水澘蛋、滑蛋等。不要给宝宝做煎蛋、炒蛋、虎皮蛋等，以免增加脂肪的摄入和消化系统的负担。

◎ **猪肉**

猪肉不同部位的脂肪含量差异较大。腹泻期间，应选择脂肪含量低的猪肉部位作为辅食原料，比如去皮腿肉和里脊肉。烹调时也要尽量不加或少加油，你可以给宝宝做煮瘦肉末、西葫芦炖肉片等。

### ◎ 发糕和大米糕

面包和蛋糕因为脂肪含量通常较高，不适合宝宝在腹泻期间食用。发糕和大米糕因制作时不需要添加食用油，所以脂肪含量很低，适合宝宝在腹泻期间食用。

### ◎ 富含水分的食物

南瓜：南瓜的水分含量较高，矿物质含量丰富，既可以作为蔬菜也可以作为主食，非常适合宝宝在腹泻期间食用。你可以以南瓜为原料给宝宝做南瓜羹、蒸南瓜等。

豆腐：豆腐富含优质蛋白质和水分，易于吞咽和消化，同样适合宝宝在腹泻期间食用。你可以以豆腐为原料给宝宝做豆腐羹、白菜虾仁炖豆腐等。

西葫芦：西葫芦富含矿物质和水分，粗纤维含量低。你可以以西葫芦为原料给宝宝做西葫芦炒肉片、西葫芦番茄汤等。此外，黄瓜、冬瓜等食物也富含水分，适合宝宝在腹泻期间食用。

### ◎ 可以媲美口服补液盐的苹果汁

腹泻脱水容易造成电解质失衡，严重危害宝宝的健康。通常建议宝宝在大量拉稀后用口服补液盐来补充丢失的水分和电解质。但是口服补液盐的味道毕竟不如天然食物，宝宝对此接受程度较低。当宝宝不接受口服补盐液时，不妨试试用苹果汁按 1 ： 1 的比例稀释。这里说的苹果汁并不是加过蔗糖的苹果汁，而是现榨苹果汁。如果宝宝发生了严重脱水，建议立即就医。

# 腹泻期食谱举例

## 苹果南瓜粥　预计制作时间 40 min

### 适合月龄

7 月龄及以上。

### 原料

苹果 50 g、南瓜 30 g、大米 20 g。

### 制作方法

1. 将苹果去皮后切丁，南瓜去皮去籽后切丁备用。
2. 将大米淘洗干净后，和苹果丁、南瓜丁一起放入锅中，加 7 倍于大米体积的水。
3. 大火烧开后，转中小火焖煮 20 ～ 30 min，至米粒糊化即可。

## 奶香鸡蛋羹　预计制作时间 20 min

### 适合月龄

7 月龄及以上。

### 原料

鸡蛋 1 个、配方奶或母乳 100 mL。

### 制作方法

1. 将鸡蛋打散，加入配方奶或母乳后搅拌均匀。
2. 蒸锅上汽后，将装有蛋液的碗放入锅内，大火蒸 10 min。
3. 关火后不开盖焖 5 min 即可。

## 西蓝花豆腐羹 预计制作时间 15 min

### 适合月龄

7 月龄及以上。

### 原料

西蓝花 40 g、猪肉糜 25 g、内酯豆腐 50 g、淀粉少许。

### 制作方法

1. 将西蓝花掰成小朵，洗净后焯水断生，然后捞出切成小丁。将豆腐切成小块备用。
2. 将猪肉糜放入锅内，煸炒散开，至颜色发白后盛出。
3. 锅中加水，水开后倒入切成小块的豆腐，再倒入西蓝花和煸炒过的猪肉。
4. 将淀粉用适量水调成勾芡汁，当锅内的水再次沸腾后，边搅拌边缓慢倒入勾芡汁，至汤汁浓稠即可。

## 蛋花杂蔬面 预计制作时间 15 min

### 适合月龄

9 月龄及以上。

### 原料

鸡蛋 1 个、低钠面 25 g、西葫芦 50 g。

### 制作方法

1. 将西葫芦洗净后切丝备用。
2. 将鸡蛋打散备用。
3. 水开后放入低钠面，煮沸后倒入西葫芦丝，再次煮沸后缓缓倒入蛋液，边倒边搅拌，煮沸后即可盛出。

# 便秘

## 便秘期的饮食原则

针对不同情况，便秘的饮食原则有所不同。

### ◎ 添加辅食前发生便秘

对于小月龄的宝宝，保证喂奶频率和奶量即可。纯母乳喂养的宝宝会因为母乳很容易被消化吸收，几天才会大便一次，这是正常现象，并不是便秘。

### ◎ 添加辅食后发生便秘

- 保证宝宝的水分摄入。宝宝每天应至少摄入 600 mL 奶，多吃富含水分的辅食（如蔬菜和水果），1 岁后的宝宝还可以适量喝水。
- 增加脂肪摄入。有些宝宝便秘的原因是脂肪摄入不足。一方面要保证宝宝每天摄入至少一巴掌大小的畜禽肉和水产，另一方面也可以让宝宝摄入适量坚果。如果宝宝动物性食物摄入不足，还需要每天额外摄入 5 ～ 10 g 食用油。
- 保证膳食纤维的摄入。很多宝宝不喜欢吃富含膳食纤维的食物，比如各类蔬菜。如果难以保证蔬菜的摄入量，可以考虑给宝宝吃一些带籽的水果。

# 便秘期宝宝可以吃什么

◎ 母乳、配方奶粉

奶中 90% 以上是水分，保证奶量意味着水分摄入充足。

◎ 杏仁、核桃、芝麻、开心果等坚果

坚果中富含的膳食纤维和脂肪有助于肠道蠕动。对于小月龄的宝宝，可以将原味坚果打成粉，做成坚果糊、坚果鸡蛋饼等辅食。

◎ 青菜、荠菜、芹菜等叶菜

叶菜中含有丰富的膳食纤维，如果宝宝不习惯或不喜欢吃叶菜，可以将叶菜切碎后和肉类混合成馅料，做成馄饨、饺子、丸子等。

◎ 菌菇、藻类

菌菇不仅含有丰富的膳食纤维，还有天然的鲜味，非常适合作为辅食中的“天然调味品”。但是菌菇不太好咀嚼，最好切碎后再制作成辅食。常见的菌菇有香菇、口蘑、金针菇、海鲜菇、木耳等。

◎ 带籽水果

带籽水果对于预防和缓解便秘非常有效。常见的带籽水果有草莓、蓝莓、猕猴桃、火龙果、无花果等。水果带有宝宝喜欢的天然甜味，宝宝对它们的接受度很高。不过带籽水果同样富含糖分，宝宝应该适量食用，避免因糖分摄入过多导致超重或肥胖。

# 便秘期食谱举例

## 自制黑芝麻糊 预计制作时间 15 min

### 适合月龄

7 月龄及以上。

### 原料

核桃仁 20 g、黑芝麻 20 g、糯米粉 30 g。

### 制作方法

1. 将核桃仁和黑芝麻炒熟后，倒入料理机打碎。
2. 用小火将糯米粉炒熟，和核桃碎、黑芝麻碎混合，放入料理机内打成粉。
3. 食用时加入适量的热水或牛奶即可。

## 西葫芦木耳鸡蛋饼 预计制作时间 10 min

### 适合月龄

8 月龄及以上。

### 原料

西葫芦 60 g、黑木耳 2 朵、鸡蛋 1 个、面粉 20 g、食用油适量。

### 制作方法

1. 将西葫芦洗净去皮切成丝，黑木耳切碎备用。
2. 将西葫芦丝、黑木耳碎、打散的鸡蛋和适量面粉混合，搅拌成面糊。
3. 锅中放适量油，小火倒入面糊，成形后翻面，煎至两面金黄即可盛出。
4. 剪成适合宝宝抓握的大小。

## 荠菜香菇肉丝豆腐羹 预计制作时间 15 min

### 适合月龄

8 月龄及以上。

### 原料

荠菜 50 g、香菇 2 个 、猪肉丝 25 g、内酯豆腐 50 g、淀粉少许、食用油少许。

### 制作方法

1. 去除荠菜的黄叶和较老的根部，用流水冲洗干净。
2. 将洗净的荠菜热水下锅，焯水断生后捞出沥水，放凉后剁成荠菜末备用。
3. 将香菇洗净后切成香菇丁，内酯豆腐切成小块备用 。
4. 锅中加少许食用油，煸炒肉丝和香菇丁，倒入适量水，水开后放入豆腐块。
5. 再次煮沸后倒入荠菜末，同时将淀粉和水混合成勾芡汁备用。
6. 将勾芡汁缓缓倒入，边倒边搅拌，煮至汤汁浓稠即可。

## 草莓蓝莓猕猴桃酸奶杯 预计制作时间 3 min

### 适合月龄

8 月龄及以上。

### 原料

草莓 3 个、蓝莓 5 颗、猕猴桃 1 个、无糖酸奶 200 g。

### 制作方法

1. 将草莓和蓝莓洗净后切成小丁，猕猴桃去皮后切成小丁备用。
2. 将水果丁和酸奶搅拌均匀即可食用。

# 感冒发烧

## 感冒发烧时的饮食原则

针对不同情况，感冒的饮食原则有所不同。

### ◎ 添加辅食前发生感冒

保证喝奶量，保证水分的充分摄入。

### ◎ 添加辅食后发生感冒

- 继续已有的饮食模式，保证动物性食物如鸡蛋、瘦肉的摄入。优质蛋白质摄入充足有助于宝宝恢复健康。
- 尽量让宝宝多喝水。感冒发烧期间，一定要让宝宝摄入充足的液体，如果宝宝不喜欢喝白开水，可以煮一些水果茶、水果羹，让水稍微带一点甜味。另外，最好让宝宝把水果也一起吃了。
- 把富含优质蛋白质的食物做成易消化的辅食。芹菜干贝肉末粥、菠菜蛋黄粥、蛋羹、蛋花汤、清蒸鱼等食物对宝宝来说不仅易消化，还能提供丰富的营养。

## 感冒发烧时期宝宝可以吃什么

### ◎ 鸡蛋

鸡蛋是优质蛋白质的良好来源，易于购买且烹调形式丰富。只要宝宝有胃口、对鸡蛋不过敏，就应该尽量保证每天吃 1 个鸡蛋。

### ◎ 鱼虾瘦肉

鱼虾类食物被很多家长认为是“发物”，觉得宝宝在感冒发烧后不应该吃，以免加重病情。现代营养学没有针对“发物”的科学解释，一些所谓“发”的现象，可能是过敏引起的，尤其是像鱼、虾、瘦肉等蛋白质含量比较高的食物，很可能成为过敏原，但这些食物和感冒发烧没有关系。蛋白质对身体康复是有益的，吃这些食物时，只需要注意选择清淡的烹调方式即可。

## 感冒发烧时期食谱举例

### 菠菜牛肉蛋花粥

预计制作时间 15 min

#### 适合月龄

8 月龄及以上。

#### 原料

菠菜 50 g、牛肉糜 25 g、鸡蛋 1 个、大米 25 g。

#### 制作方法

❶ 提前将大米浸泡，然后加入于大米体积 10 倍的水煮成粥。

② 将菠菜洗净后焯水断生，然后切末备用。

③ 将鸡蛋打散备用。

④ 将菠菜末、牛肉糜倒入煮好的粥里，煮沸后将蛋液缓缓倒入，边倒边搅拌，再次煮沸即可盛出。

⑤ 冷却后即可给宝宝食用。

## 虾仁白菜蛋花碎面 预计制作时间 15 min

### 适合月龄

8 月龄及以上。

### 原料

虾仁 50 g、大白菜 50 g、鸡蛋 1 个、低钠面 20 g。

### 制作方法

① 将虾仁解冻后切碎，大白菜洗净后切小丁备用。

② 将鸡蛋打散备用。

③ 将低钠面剪成小段，水开后下入低纳面煮 2 min，然后倒入虾仁碎和大白菜丁再煮 3 min。

④ 将蛋液缓缓倒入，边倒边搅拌，再次煮沸后即可盛出。

## 洋葱鸡蛋饼 预计制作时间 10 min

### 适合月龄

8 月龄及以上。

### 原料

鸡蛋 1 个、洋葱 30 g、面粉 20 g、食用油少许。

### 制作方法

❶ 将洋葱洗净切末备用。

❷ 将鸡蛋打散，然后和洋葱末、面粉混合，搅拌均匀。

❸ 将锅烧热后，涂抹少许食用油，倒入混合面糊，将其摊平，用中小火煎至两面金黄即可。

❹ 取出后切成小条作为宝宝的手指食物。

# 呕吐

## 呕吐期饮食原则

- 注意补充液体，预防脱水。
- 如果宝宝持续呕吐不止，应及时就医，一般情况下需要暂时禁食。
- 呕吐好转期间，应逐渐过渡饮食，从流食、半流食，到软食，再到普通饮食。

## 呕吐期宝宝可以吃什么

### ◎ 水或者奶

对于宝宝来说，除了三代补液盐以外，用水和奶来补充水分是最直接、最有效的方法。

### ◎ 稀释的果汁

呕吐期间很多宝宝会觉得嘴巴里没有味道，也不愿意一直喝水。这时候可以尝试稀释的苹果汁（水和苹果汁之比为 1 ∶ 1），苹果汁不仅口味更容易被宝宝接受，也能补充一部分电解质。

◎ 水果茶

如果宝宝呕吐得很严重，就不适合喝果汁了，因为果汁比较甜腻，会增加对胃的刺激。这时候可以尝试味道更淡的水果茶，水果茶带有一丝甜味，相比水更容易被宝宝接受。

◎ 蒸蛋羹

呕吐好转期间，可以用蒸蛋羹作为从流食到半流食的过渡，如果宝宝食用蒸蛋羹后没有再发生呕吐，可以在下一餐中引入半流食，如烂面、瘦肉粥等。

## 呕吐期食谱举例

### 稀释苹果汁 预计制作时间 5 min

适合月龄

6 月龄及以上。

原料

苹果 2 个、水适量。

制作方法

1. 将苹果去皮后切块，放入榨汁机中榨汁。
2. 加入等量的水稀释果汁。

注：没有榨汁机的话，可以购买没有添加蔗糖的苹果汁，自行稀释。

## 橙子茶

预计制作时间 5 min

### 适合月龄

6 月龄及以上。

### 原料

橙子 1 个、热水适量。

### 制作方法

1. 将橙子彻底洗净后切片（保留外皮）。
2. 用热水冲泡橙子片。

注：橙子茶自带淡淡的甜味，比起水更容易让宝宝接受。

## 蒸蛋羹

预计制作时间 20 min

### 适合月龄

6 月龄及以上。

### 原料

鸡蛋 1 个、水适量。

### 制作方法

1. 鸡蛋打散成蛋液备用，然后加入 2 倍于蛋液体积的水。
2. 将蒸蛋容器放入蒸锅，上汽后用大火蒸 10 min 即可。
3. 如果 1 岁后的宝宝觉得嘴巴里没味道，可以在蒸好的蛋羹表面倒少许麻油提味。

# 填写说明

家长每天要认真做好记录，如果家长白天要上班，可以让其他家庭成员帮忙记录。记录的内容包括以下几项。

❶ 记录母乳或配方奶的喂养时间。如果是配方奶喂养或者是母乳瓶喂，需要记录喝奶量；如果是母乳亲喂，需要记录宝宝的吮吸力度。

❷ 记录吃辅食的时间，以及每餐辅食具体吃了哪些食物。

❸ 汇总每天吃的食物。记录日志中的图示按顺序分别代表谷薯杂豆类，蔬菜类，畜肉、禽肉、水产、蛋类和大豆类，水果类，乳制品。建议宝宝每天吃够 10 种食物，每周吃够 25 种食物，这样能保证食物多样化，营养均衡。

❹ 记录新增食物，以便出现了不耐受或者过敏反应能及时排查。

❺ 记录是否补充了 400 IU 维生素 D。

❻ 记录排便情况。记录清楚是大便还是小便，排便有无异常。

❼ 记录睡眠时间。睡眠质量会影响宝宝吃辅食的状态。

岁 月 天

年 月 日

## 母乳 / 奶粉喂养

① : ② :

③ : ④ :

⑤ : ⑥ :

## 辅食喂养

① : ② :

③ : ④ :

⑤ : ⑥ :

种

种

种

种 种

总计 种

新加 种

○ 维生素 D

## 尿布记录

| 大 | 大 | 大 | 大 | 大 |
|---|---|---|---|---|
| 小 | 小 | 小 | 小 | 小 |

## 睡 眠

~ ~ ~

~ ~ ~

~ ~ ~

岁 月 天

年 月 日

## 母乳 / 奶粉喂养

① ：

② ：

③ ：

④ ：

⑤ ：

⑥ ：

## 辅食喂养

① ：

② ：

③ ：

④ ：

⑤ ：

⑥ ：

种

种

种

种

种

总计 种

新加 种

○ 维生素 D

## 尿布记录

| 大 | 大 | 大 | 大 | 大 |
| --- | --- | --- | --- | --- |
| 小 | 小 | 小 | 小 | 小 |

## 睡眠

～ ～ ～

～ ～ ～

～ ～ ～

岁 月 天

年 月 日

## 母乳 / 奶粉喂养

① : ② :

③ : ④ :

⑤ : ⑥ :

## 辅食喂养

① : ② :

③ : ④ :

⑤ : ⑥ :

种 种 种

种 种 总计 种

新加 种 ○ 维生素 D

## 尿布记录

| 大 | 大 | 大 | 大 | 大 |
| --- | --- | --- | --- | --- |
| 小 | 小 | 小 | 小 | 小 |

## 睡 眠

～ ～ ～

～ ～ ～

～ ～ ～

____岁____月____天

____年____月____日

## 母乳 / 奶粉喂养

① ____：____ ________ ② ____：____ ________

③ ____：____ ________ ④ ____：____ ________

⑤ ____：____ ________ ⑥ ____：____ ________

## 辅食喂养

① ____：____ ________ ② ____：____ ________

③ ____：____ ________ ④ ____：____ ________

⑤ ____：____ ________ ⑥ ____：____ ________

________种 ________种 ________种

________种 ________种 总计________种

新加________种 ○ 维生素 D

| 尿布记录 | | | | | |
|---|---|---|---|---|---|
| | 大 | 大 | 大 | 大 | 大 |
| | 小 | 小 | 小 | 小 | 小 |

## 睡眠

________ ～ ________ ________ ～ ________ ________ ～ ________

________ ～ ________ ________ ～ ________ ________ ～ ________

________ ～ ________ ________ ～ ________ ________ ～ ________

岁 月 天  年 月 日

## 母乳 / 奶粉喂养

① : ② :

③ : ④ :

⑤ : ⑥ :

## 辅食喂养

① : ② :

③ : ④ :

⑤ : ⑥ :

种 种 种

种 种 总计 种

新加 种 ○ 维生素 D

## 尿布记录

| 大 | 大 | 大 | 大 | 大 |
| --- | --- | --- | --- | --- |
| 小 | 小 | 小 | 小 | 小 |

## 睡 眠

～ ～ ～

～ ～ ～

～ ～ ～

岁 月 天　　　　年 月 日

## 母乳 / 奶粉喂养

① : 　　② :
③ : 　　④ :
⑤ : 　　⑥ :

## 辅食喂养

① : 　　② :
③ : 　　④ :
⑤ : 　　⑥ :

种　　种　　种

种　　种　　总计 种

新加 种　　○ 维生素 D

## 尿布记录

| 大 | 大 | 大 | 大 | 大 |
|---|---|---|---|---|
| 小 | 小 | 小 | 小 | 小 |

## 睡 眠

~　　~　　~
~　　~　　~
~　　~　　~

____岁____月____天

____年____月____日

## 母乳 / 奶粉喂养

① ☐ : ☐ ________　② ☐ : ☐ ________

③ ☐ : ☐ ________　④ ☐ : ☐ ________

⑤ ☐ : ☐ ________　⑥ ☐ : ☐ ________

## 辅食喂养

① ☐ : ☐ ________　② ☐ : ☐ ________

③ ☐ : ☐ ________　④ ☐ : ☐ ________

⑤ ☐ : ☐ ________　⑥ ☐ : ☐ ________

________种　________种　________种

________种　________种　总计________种

新加________种　○ 维生素 D

## 尿布记录

| 大 | 大 | 大 | 大 | 大 |
| --- | --- | --- | --- | --- |
| 小 | 小 | 小 | 小 | 小 |

## 睡眠

____ ～ ____　____ ～ ____　____ ～ ____

____ ～ ____　____ ～ ____　____ ～ ____

____ ～ ____　____ ～ ____　____ ～ ____

岁 月 天

年 月 日

## 母乳 / 奶粉喂养

① : ② :

③ : ④ :

⑤ : ⑥ :

## 辅食喂养

① : ② :

③ : ④ :

⑤ : ⑥ :

种 种 种

种 种 总计 种

新加 种 ○ 维生素 D

## 尿布记录

| 大 | 大 | 大 | 大 | 大 |
| --- | --- | --- | --- | --- |
| 小 | 小 | 小 | 小 | 小 |

## 睡 眠

～ ～ ～

～ ～ ～

～ ～ ～

____岁____月____天　　　　　　　　　　____年____月____日

**母乳 / 奶粉喂养**

① ___ : ___ ________　　② ___ : ___ ________

③ ___ : ___ ________　　④ ___ : ___ ________

⑤ ___ : ___ ________　　⑥ ___ : ___ ________

**辅食喂养**

① ___ : ___ ________　　② ___ : ___ ________

③ ___ : ___ ________　　④ ___ : ___ ________

⑤ ___ : ___ ________　　⑥ ___ : ___ ________

________种　　________种　　________种

________种　　________种　　总计________种

新加________种　　○ 维生素 D

**尿布记录**

| 大 | 大 | 大 | 大 | 大 |
|---|---|---|---|---|
| 小 | 小 | 小 | 小 | 小 |

**睡　眠**

______ ~ ______　　______ ~ ______　　______ ~ ______

______ ~ ______　　______ ~ ______　　______ ~ ______

______ ~ ______　　______ ~ ______　　______ ~ ______

岁 月 天

年 月 日

## 母乳 / 奶粉喂养

① : 
② : 
③ : 
④ : 
⑤ : 
⑥ : 

## 辅食喂养

① : 
② : 
③ : 
④ : 
⑤ : 
⑥ : 

种 种 种

种 种 总计 种

新加 种 ○ 维生素 D

| 尿布记录 | 大 / 小 | 大 / 小 | 大 / 小 | 大 / 小 | 大 / 小 |
|---|---|---|---|---|---|

## 睡眠

～ ～ ～

～ ～ ～

～ ～ ～

岁 月 天

年 月 日

## 母乳 / 奶粉喂养

① : ② :

③ : ④ :

⑤ : ⑥ :

## 辅食喂养

① : ② :

③ : ④ :

⑤ : ⑥ :

种 种 种

种 种 总计 种

新加 种 ○ 维生素 D

**尿布记录**

| 大 | 大 | 大 | 大 | 大 |
|---|---|---|---|---|
| 小 | 小 | 小 | 小 | 小 |

## 睡 眠

～ ～ ～

～ ～ ～

～ ～ ～

____岁____月____天

____年____月____日

## 母乳 / 奶粉喂养

① ＿:＿ ________　② ＿:＿ ________

③ ＿:＿ ________　④ ＿:＿ ________

⑤ ＿:＿ ________　⑥ ＿:＿ ________

## 辅食喂养

① ＿:＿ ________　② ＿:＿ ________

③ ＿:＿ ________　④ ＿:＿ ________

⑤ ＿:＿ ________　⑥ ＿:＿ ________

________种　________种　________种

________种　________种　总计________种

新加________种　○ 维生素 D

## 尿布记录

| 大 | 大 | 大 | 大 | 大 |
| --- | --- | --- | --- | --- |
| 小 | 小 | 小 | 小 | 小 |

## 睡眠

____～____　____～____　____～____

____～____　____～____　____～____

____～____　____～____　____～____

年 月 日

## 母乳 / 奶粉喂养

① : ② :

③ : ④ :

⑤ : ⑥ :

## 辅食喂养

① : ② :

③ : ④ :

⑤ : ⑥ :

## 尿布记录

| 大 | 大 | 大 | 大 | 大 |
| --- | --- | --- | --- | --- |
| 小 | 小 | 小 | 小 | 小 |

## 睡 眠

～ ～ ～

～ ～ ～

～ ～ ～

岁 月 天

年 月 日

## 母乳 / 奶粉喂养

① :
② :
③ :
④ :
⑤ :
⑥ :

## 辅食喂养

① :
② :
③ :
④ :
⑤ :
⑥ :

种 种 种

种 种 总计 种

新加 种 ○ 维生素 D

## 尿布记录

| 大 | 大 | 大 | 大 | 大 |
| --- | --- | --- | --- | --- |
| 小 | 小 | 小 | 小 | 小 |

## 睡 眠

~ ~ ~

~ ~ ~

~ ~ ~

岁 月 天  年 月 日

母乳 / 奶粉喂养

① : ② :

③ : ④ :

⑤ : ⑥ :

辅食喂养

① : ② :

③ : ④ :

⑤ : ⑥ :

种 种 种

种 种 总计 种

新加 种 ○ 维生素 D

尿布记录

| 大 | 大 | 大 | 大 | 大 |
| --- | --- | --- | --- | --- |
| 小 | 小 | 小 | 小 | 小 |

睡 眠

~ ~ ~

~ ~ ~

~ ~ ~

____岁____月____天　　　　____年____月____日

## 母乳 / 奶粉喂养

① ☐ : ☐ ________　② ☐ : ☐ ________

③ ☐ : ☐ ________　④ ☐ : ☐ ________

⑤ ☐ : ☐ ________　⑥ ☐ : ☐ ________

## 辅食喂养

① ☐ : ☐ ________　② ☐ : ☐ ________

③ ☐ : ☐ ________　④ ☐ : ☐ ________

⑤ ☐ : ☐ ________　⑥ ☐ : ☐ ________

________种　________种　________种

________种　________种　总计________种

新加________种　○ 维生素 D

## 尿布记录

| 大 | 大 | 大 | 大 | 大 |
| --- | --- | --- | --- | --- |
| 小 | 小 | 小 | 小 | 小 |

## 睡　眠

____～____　____～____　____～____

____～____　____～____　____～____

____～____　____～____　____～____

____岁____月____天

____年____月____日

## 母乳 / 奶粉喂养

①  :  ________　②  :  ________

③  :  ________　④  :  ________

⑤  :  ________　⑥  :  ________

## 辅食喂养

①  :  ________　②  :  ________

③  :  ________　④  :  ________

⑤  :  ________　⑥  :  ________

________种　________种　________种

________种　________种　总计________种

新加________种　○ 维生素 D

## 尿布记录

| 大 | 大 | 大 | 大 | 大 |
| --- | --- | --- | --- | --- |
| 小 | 小 | 小 | 小 | 小 |

## 睡眠

____～____　____～____　____～____

____～____　____～____　____～____

____～____　____～____　____～____

岁 月 天　　　　年 月 日

## 母乳 / 奶粉喂养

① : 　② :

③ : 　④ :

⑤ : 　⑥ :

## 辅食喂养

① : 　② :

③ : 　④ :

⑤ : 　⑥ :

种　种　种

种　种　总计 种

新加 种　○ 维生素 D

## 尿布记录

| 大 | 大 | 大 | 大 | 大 |
| --- | --- | --- | --- | --- |
| 小 | 小 | 小 | 小 | 小 |

## 睡 眠

～　～　～

～　～　～

～　～　～

年 月 日

## 母乳 / 奶粉喂养

① : ② :

③ : ④ :

⑤ : ⑥ :

## 辅食喂养

① : ② :

③ : ④ :

⑤ : ⑥ :

种 种 种

种 种 总计 种

新加 种 ○ 维生素 D

| 尿布记录 | | | | | |
|---|---|---|---|---|---|
| | 大 | 大 | 大 | 大 | 大 |
| | 小 | 小 | 小 | 小 | 小 |

## 睡 眠

～ ～ ～

～ ～ ～

～ ～ ～

岁 月 天

年 月 日

## 母乳 / 奶粉喂养

① : ② :

③ : ④ :

⑤ : ⑥ :

## 辅食喂养

① : ② :

③ : ④ :

⑤ : ⑥ :

种 种 种

种 种 总计 种

新加 种 ○ 维生素 D

## 尿布记录

| 大 | 大 | 大 | 大 | 大 |
|---|---|---|---|---|
| 小 | 小 | 小 | 小 | 小 |

## 睡眠

～ ～ ～

～ ～ ～

～ ～ ～

岁 月 天  年 月 日

## 母乳 / 奶粉喂养

① ： ② ：

③ ： ④ ：

⑤ ： ⑥ ：

## 辅食喂养

① ： ② ：

③ ： ④ ：

⑤ ： ⑥ ：

种 种 种

种 种 总计 种

新加 种 ○ 维生素 D

## 尿布记录

| 大 | 大 | 大 | 大 | 大 |
| --- | --- | --- | --- | --- |
| 小 | 小 | 小 | 小 | 小 |

## 睡 眠

～ ～ ～

～ ～ ～

～ ～ ～

岁　月　天

年　月　日

## 母乳 / 奶粉喂养

① :
② :
③ :
④ :
⑤ :
⑥ :

## 辅食喂养

① :
② :
③ :
④ :
⑤ :
⑥ :

种　种　种

种　种　总计　种

新加　种　○ 维生素 D

## 尿布记录

| 大<br>小 | 大<br>小 | 大<br>小 | 大<br>小 | 大<br>小 |
| --- | --- | --- | --- | --- |

## 睡　眠

～　～　～

～　～　～

～　～　～

岁 月 天

年 月 日

## 母乳 / 奶粉喂养

① ： ② ：

③ ： ④ ：

⑤ ： ⑥ ：

## 辅食喂养

① ： ② ：

③ ： ④ ：

⑤ ： ⑥ ：

种 种 种

种 种 总计 种

新加 种 ○ 维生素 D

## 尿布记录

| 大 | 大 | 大 | 大 | 大 |
|---|---|---|---|---|
| 小 | 小 | 小 | 小 | 小 |

## 睡眠

～ ～ ～

～ ～ ～

～ ～ ～

岁 月 天　　　　年 月 日

## 母乳 / 奶粉喂养

① : 　② :
③ : 　④ :
⑤ : 　⑥ :

## 辅食喂养

① : 　② :
③ : 　④ :
⑤ : 　⑥ :

种　种　种

种　种　总计 种

新加 种　○ 维生素 D

## 尿布记录

| 大 | 大 | 大 | 大 | 大 |
| --- | --- | --- | --- | --- |
| 小 | 小 | 小 | 小 | 小 |

## 睡 眠

~　~　~
~　~　~
~　~　~

岁 月 天

年 月 日

## 母乳 / 奶粉喂养

① :  ② :
③ :  ④ :
⑤ :  ⑥ :

## 辅食喂养

① :  ② :
③ :  ④ :
⑤ :  ⑥ :

种 种 种

种 种 总计 种

新加 种 ○ 维生素 D

**尿布记录**

| 大 | 大 | 大 | 大 | 大 |
| --- | --- | --- | --- | --- |
| 小 | 小 | 小 | 小 | 小 |

## 睡 眠

~ ~ ~
~ ~ ~
~ ~ ~

岁 月 天

年 月 日

## 母乳 / 奶粉喂养

① :　　② :

③ :　　④ :

⑤ :　　⑥ :

## 辅食喂养

① :　　② :

③ :　　④ :

⑤ :　　⑥ :

种　　种　　种

种　　种　　总计 种

新加 种　　○ 维生素 D

## 尿布记录

| 大 | 大 | 大 | 大 | 大 |
| --- | --- | --- | --- | --- |
| 小 | 小 | 小 | 小 | 小 |

## 睡 眠

~　　~　　~

~　　~　　~

~　　~　　~

岁 月 天

年 月 日

## 母乳 / 奶粉喂养

① : ② :

③ : ④ :

⑤ : ⑥ :

## 辅食喂养

① : ② :

③ : ④ :

⑤ : ⑥ :

种 种 种

种 种 总计 种

新加 种 ○ 维生素 D

## 尿布记录

| 大 | 大 | 大 | 大 | 大 |
| --- | --- | --- | --- | --- |
| 小 | 小 | 小 | 小 | 小 |

## 睡 眠

～ ～ ～

～ ～ ～

～ ～ ～

____岁____月____天   ____年____月____日

## 母乳 / 奶粉喂养

① ___ : ___ ________　② ___ : ___ ________

③ ___ : ___ ________　④ ___ : ___ ________

⑤ ___ : ___ ________　⑥ ___ : ___ ________

## 辅食喂养

① ___ : ___ ________　② ___ : ___ ________

③ ___ : ___ ________　④ ___ : ___ ________

⑤ ___ : ___ ________　⑥ ___ : ___ ________

________种　________种　________种

________种　________种　总计________种

新加________种　○ 维生素 D

## 尿布记录

| 大 | 大 | 大 | 大 | 大 |
|---|---|---|---|---|
| 小 | 小 | 小 | 小 | 小 |

## 睡　眠

____ ～ ____　____ ～ ____　____ ～ ____

____ ～ ____　____ ～ ____　____ ～ ____

____ ～ ____　____ ～ ____　____ ～ ____

岁 月 天

年 月 日

## 母乳 / 奶粉喂养

① :　② :

③ :　④ :

⑤ :　⑥ :

## 辅食喂养

① :　② :

③ :　④ :

⑤ :　⑥ :

种　种　种

种　种　总计 种

新加 种　○ 维生素 D

## 尿布记录

| 大 | 大 | 大 | 大 | 大 |
| --- | --- | --- | --- | --- |
| 小 | 小 | 小 | 小 | 小 |

## 睡 眠

～　～　～

～　～　～

～　～　～

岁 月 天　　　　　　年 月 日

## 母乳 / 奶粉喂养

① ： 　② ：

③ ： 　④ ：

⑤ ： 　⑥ ：

## 辅食喂养

① ： 　② ：

③ ： 　④ ：

⑤ ： 　⑥ ：

种　　种　　种

种　　种　　总计 种

新加 种　　○ 维生素 D

## 尿布记录

| 大 | 大 | 大 | 大 | 大 |
| --- | --- | --- | --- | --- |
| 小 | 小 | 小 | 小 | 小 |

## 睡 眠

～　　～　　～

～　　～　　～

～　　～　　～